U0344320

1949-2019
新中国气象事业70周年

七十载栉风沐雨初心在
江淮间挥墨泼彩丹青存

新中国气象事业
70周年·安徽卷

安徽省气象局

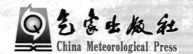

气象出版社
China Meteorological Press

图书在版编目（CIP）数据

新中国气象事业70周年. 安徽卷 / 安徽省气象局编
著. -- 北京：气象出版社，2020.8
ISBN 978-7-5029-7152-6

Ⅰ. ①新… Ⅱ. ①安… Ⅲ. ①气象－工作－安徽－画
册 Ⅳ. ①P468.2-64

中国版本图书馆CIP数据核字(2020)第046516号

新中国气象事业70周年·安徽卷
Xinzhongguo Qixiang Shiye Qishi Zhounian · Anhui Juan

安徽省气象局　编著

出版发行：气象出版社

地　　址：北京市海淀区中关村南大街46号　　**邮政编码：** 100081

电　　话：010-68407112 （总编室）　　010-68408042 （发行部）

网　　址：http://www.qxcbs.com　　E－mail：qxcbs@cma.gov.cn

策划编辑：周　露

责任编辑：杨　辉　　　　　　　　　　　**终　　审：**张　斌

责任校对：张硕杰　　　　　　　　　　　**责任技编：**赵相宁

装帧设计：新光洋（北京）文化传播有限公司

印　　刷：北京地大彩印有限公司

开　　本： 889 mm ×1194 mm　1/16　　　　**印　　张：** 13

字　　数： 332 千字

版　　次： 2020 年 8 月第 1 版　　　　　　**印　　次：** 2020 年 8 月第 1 次印刷

定　　价： 268.00 元

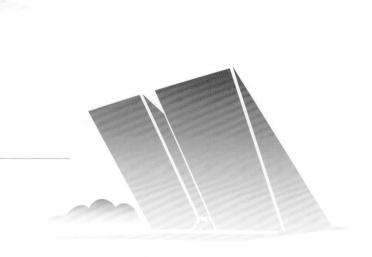

《新中国气象事业 70 周年 · 安徽卷》编委会

总 序

1949 年 12 月 8 日是载入史册的重要日子。这一天，经中央批准，中央军委气象局正式成立，开启了新中国气象事业的伟大征程。

气象事业始终根植于党和国家发展大局，与国家发展同行共进、同频共振。伴随着国家发展的进程，气象事业从小到大、从弱到强、从落后到先进，走出了一条中国特色社会主义气象发展道路。新中国成立后，我们秉持人民利益至上这一根本宗旨，统筹做好国防和经济建设气象服务。在国家改革开放的大潮中，我们全面加速气象现代化建设，在促进国家经济社会发展和保障改善民生中实现气象事业的跨越式发展。党的十八大以来，我们坚持以习近平新时代中国特色社会主义思想为指导，坚持在贯彻落实党中央决策部署和服务保障国家重大战略中发展气象事业，开启了现代化气象强国建设的新征程。70 年气象事业的生动实践深刻诠释了国运昌则事业兴、事业兴则国家强。

气象事业始终在党中央、国务院的坚强领导和亲切关怀下，与伟大梦想同心同向、逐梦同行。党和国家始终把气象事业作为基础性公益性社会事业，纳入经济社会发展全局统筹部署、同步推进。毛泽东主席关于气象部门要把天气常常告诉老百姓的指示，成为气象工作贯穿始终的根本宗旨。邓小平同志强调气象工作对工农业生产很重要，江泽民同志指出气象现代化是国家现代化的重要标志，胡锦涛同志要求提高气象预测预报、防灾减灾、应对气候变化和开发利用气候资源能力，都为气象事业发展指明了方向，鼓舞着我们奋勇前行。习近平总书记特别指出，气象工作关系生命安全、生产发展、生活富裕、生态良好，要求气象工作者推动气象事业高质量发展，提高气象服务保障能力，为我们以更高的政治站位、更宽的国际视野、更强的使命担当实现更大发展，提供了根本遵循。

在党中央、国务院的坚强领导下，一代代气象人接续奋斗、奋力拼搏，气象事业发生了根本性变化，取得了举世瞩目的成就。

70 年来，我们紧紧围绕国家发展和人民需求，坚持趋利避害并举，建成了世界上保障领域最广、机制最健全、效益最突出的气象服务体系。

面向防灾减灾救灾，我们努力做到了重大灾害性天气不漏报，成功应对了超强台风、特大洪水、低温雨雪冰冻、严重干旱等重大气象灾害，为各级党委政府防灾减灾部署和人民群众避灾赢得了先机。我们建成了多部门共享共用的国家突发事件预警信息发布系统，努力做到重点灾害预警不留盲区，预警信息可在 10 分钟内覆盖 86% 的老百姓，有效解决了"最后一公里"问题，充分发挥了气象防灾减灾第一道防线作用。

面向生态文明建设，我们构建了覆盖多领域的生态文明气象保障服务体系，打造了人工影响天气、气候资源开发利用、气候可行性论证、气候标志认证、卫星遥感应用、大气污染防治保障等服务品牌，开展了三江源、祁连山等重点生态功能区空中云水资源开发利用，完成了国家和区域气候变化评估，组织了四次全国风能资源普查，探索建设了国家气象公园，建立了世界上规模最大的现代化人工影响天气作业体系，人工增雨（雪）覆盖 500 万平方公里，防雹保护达 50 多万平方公里，有力推动了生态修复、环境改善，气象已经成为美丽中国的参与者、守护者、贡献者。

面向经济社会发展，我们主动服务和融入乡村振兴、"一带一路"、军民融合、区域协调发展等国家重大战略，主动服务和融入现代化经济体系建设，大力加强了农业、海洋、交通、自然资源、旅游、能源、健康、金融、保险等领域气象服务，成功保障了新中国成立 70 周年、北京奥运会等重大活动和南水北调、载人航天等重大工程，积极引导了社会资本和社会力量参与气象服务，服务领域已经拓展到上百个行业、覆盖到亿万用户，投入产出比达到 1∶50，气象服务的经济社会效益显著提升。

面向人民美好生活，我们围绕人民群众衣食住行健康等多元化服务需求，创新气象服务业态和模式，大力发展智慧气象服务，打造"中国天气"服务品牌，气象服务的及时性、准确性大幅提高。气象影视服务覆盖人群超过 10 亿，"两微一端"气象新媒体服务覆盖人群超 6.9 亿，中国天气网日浏览量突破 1 亿人次，全国气象科普教育基地超过 350 家，气象服务公众覆盖率突破 90%，公众满意度保持在 85 分以上，人民群众对气象服务的获得感显著增强。

70 年来，我们始终坚持气象现代化建设不动摇，建成了世界上规模最大、覆盖最全的综合气象观测系统和先进的气象信息系统，建成了无缝隙智能化的气象预报预测系统。

综合气象观测系统达到世界先进水平。气象观测系统从以地面人工观测为主发展到"天—地—空"一体化自动化综合观测。现有地面气象观测站 7 万多个，全国乡镇覆盖率达到 99.6%，数据传输时效从 1 小时提升到 1 分钟。建成了 216 部雷达组成的新一代天气雷达网，数据传输时效从 8 分钟提升到 50 秒。成功发射了 17 颗风云系列气象卫星，7 颗在轨运行，为全球 100 多个国家和地区、国内 2500 多个用户提供服务，风云二号 H 星成为气象服务"一带一路"的主力卫星。建立了生态、环境、农业、海洋、交通、旅游等专业气象监测网，形成了全球最大的综合气象观测网。

气象信息化水平显著增强。物联网、大数据、人工智能等新技术得到深入应用，形成了"云＋端"的气象信息技术新架构。建成了高速气象网络、海量气象数据库和国产超级计算机系统，每日新增的气象数据量是新中国成立初期的 100 多万倍。新建设的"天镜"系统实现了全业务、全流程、全要素的综合监控。气象数据率先向国内外全面开放共享，中国气象数据网累计用户突破 30 万，海外注册用户遍布 70 多个国家，累计访问量超过 5.1 亿人次。

气象预报业务能力大幅提升。从手工绘制天气图发展到自主创新数值天气预报，从站点预报发展到精细化智能网格预报，从传统单一天气预报发展到面向多领域的影响预报和风险预警，气象预报预测的准确率、提前量、精细化和智能化水平显著提高。全国暴雨预警准确率达到 88%，强对流预警时间提前至 38 分钟，可提前 3 ~ 4 天对台风路径做出较为准确的预报，达到世界先进水平。2017 年中国气象局成为世界气象中心，标志着我国气象现代化整体水平迈入世界先进行列！

70 年来，我们紧跟国家科技发展步伐和世界气象科技发展趋势，大力加强气象科技创新和人才队伍建设，我国气象科技创新由以跟踪为主转向跟跑并跑并存的新阶段。

建立了较为完善的国家气象科技创新体系。我们不断优化气象科技创新功能布局，形成了气象部门科研机构、各级业务单位和国家科研院所、高等院校、军队等跨行业科研力量构成的气象科技创新体系。强化气象科技与业务服务深度融合，大力发展研究型业务。加快核心关键技术攻关，雷达、卫星、数值预报等技术取得重大突破，有力支撑了气象现代化发展。坚持气象科技创新和体制机制创新"双轮驱动"，形成了更具活力的气象科技管理制度和创新环境。气象科技成果获国家自然科学奖 26 项，获国家科技进步奖 67 项。

科技人才队伍建设取得丰硕成果。我们大力实施人才优先战略，加强科技创新团队建设。全国气象领域两院院士 35 人，气象部门入选"千人计划""万人计划"等国家人才工程 25 人。气象科学家叶笃正、秦大河、曾庆存先后获得国际气象领域最高奖，叶笃正获国家最高科学技术奖。一系列科技创新成果和一大批科技人才有力支撑了气象现代化建设。

70 年来，我们坚持并完善气象体制机制、不断深化改革开放和管理创新，气象事业从封闭走向开放、从传统走向现代、从部门走向社会、从国内走向全球。

领导管理体制不断巩固完善。坚持并不断完善双重领导、以部门为主的领导管理体制和双重计划财务体制，遵循了气象科学发展的内在规律，实现了气象现代化全国统一规划、统一布局、统一建设、统一管理，形成了中央和地方共同推进气象事业发展、共同建设气象现代化的格局，满足了国家和地方经济社会发展对气象服务的多样化需求。

各项改革不断深化。坚持发展与改革有机结合，协同推进"放管服"改革和气象行政审批制度改革，全面完成国务院防雷减灾体制改革任务，深入推进气象服务体制、业务科技体制、管理体制等改革，初步建立了与国家治理体系和治理能力现代化相适应的业务管理体系和制度体系，为气象事业高质量发展注入强大动力。

开放合作力度不断加大。与近百家单位开展务实合作，形成了省部合作、部门合作、局校合作、局企合作的全方位、宽领域、深层次国内开放合作格局。先后与 160 多个国家和地区开展了气象科技合作交流，深度参与"一带一路"建设，为广大发展中国家提供气象科技援助，100 多位中国专家在世界气象组织、政府间气候变化专门委员会等国际组织中任职，气象全球影响力和话语权显著提升，我国已成为世界气象事业的深度参与者、积极贡献者，为全球应对气候变化和自然灾害防御不断贡献中国智慧和中国方案。

气象法治体系不断健全。建立了《气象法》为龙头，行政法规、部门规章、地方法规组成的气象法律法规制度体系，形成了由国家、地方、行业和团体等各类标准组成的气象标准体系，气象事业进入法治化发展轨道。

70 年来，我们始终坚持党对气象事业的全面领导，以政治建设为统领，全面加强党的建设，在拼搏奉献中践行初心使命，为气象事业高质量发展提供坚强保证。

70 年来，气象事业发展历程中人才辈出、精神璀璨，有夙夜为公、舍我其谁的开创者和领导者，有精益求精、勇攀高峰的科学家，有奋楫争先、勇挑重担的先进模范，有甘于清苦、默默奉献的广大基层职工。一代代气象人以服务国家、服务人民的深厚情怀，谱写了气象事业跨越式发展的壮丽篇章；一代代气象人推动着气象事业的长河奔腾向前，唱响了砥砺奋进的动人赞歌；一代代气象人凝练出"准确、及时、创新、奉献"的气象精神，激发起干事创业的担当魄力！

70 年的发展实践，我们深刻地认识到，**坚持党的全面领导是气象事业的根本保证**。70 年来，在党的领导下，气象事业紧贴国家、时代和人民的要求，实现健康持续发展。我们坚持以习近平新时代中国特色社会主义思想为指导，增强"四个意识"，坚定"四个自信"，做到"两个维护"，把党的领导贯穿和体现到气象事业改革发展各方面各环节，确保气象改革发展和现代化建设始终沿着正确的方向前行。**坚持以人民为中心的发展思想是气象事业的根本宗旨**。70 年来，我们把满足人民生产生活需求作为根本任务，把保护人民生命财产安全放在首位，把老百姓的安危冷暖记在心上，把为人民服务的宗旨落实到积极推进气象服务供给侧结构性改革等各方面工作，促进气象在公共服务领域不断做出新的贡献。**坚持气象现代化建设不动摇是气象事业的兴业之路**。70 年来，我们坚定不移加强和推进气象现代化建设，以现代化引领和推动气象事业发展。我们按照新时代中国特色社会主义事业的战略安排，谋划推进现代化气象强国建设，确保气象现代化同党和国家的发展要求相适应、同气象事业发展目标相契合。**坚持科技创新驱动和人才优先发展是气象事业的根本动力**。70年来，我们大力实施科技创新战略，着力建设高素质专业化干部人才队伍，集中攻关制约气象事业发展的核心关键技术难题，促进了气象科技实力和业务水平的不断提升。**坚持深化改革扩大开放是气象事业的活力源泉**。70年来，我们紧跟国家步伐，全面深化气象改革开放，认识不断深化、力度不断加大、领域不断拓展、成效不断显现，推动气象事业在不断深化改革中披荆斩棘、破浪前行。

铭记历史，继往开来。《新中国气象事业70周年》系列画册选录了70年来全国各级气象部门最具有历史意义的图片，生动全面地记录了气象事业的发展足迹和突出贡献。通过系列画册，面向社会充分展示了气象事业70年来的生动实践、显著成就和宝贵经验；展现了气象事业对中国社会经济发展、人民福祉安康提供的强有力保障、支撑；树立了"气象为民"形象，扩大中国气象的认知度、影响力和公信力；同时积累和典藏气象历史、弘扬气象人精神，能够推动气象文化建设，凝聚共识，汇聚推进气象事业改革发展力量。

在新的长征路上，气象工作责任更加重大、使命更加光荣，我们将以习近平新时代中国特色社会主义思想为指导，不忘初心、牢记使命，发扬优良传统，加快科技创新，做到监测精密、预报精准、服务精细，推动气象事业高质量发展，提高气象服务保障能力，发挥气象防灾减灾第一道防线作用，以永不懈怠的精神状态和一往无前的奋斗姿态，为决胜全面建成小康社会、建设社会主义现代化国家做出新的更大贡献！

中国气象局党组书记、局长：刘雅鸣

2019年12月

前 言

时光荏苒，岁月峥嵘。70年栉风沐雨，70年砥砺奋进，一代代安徽气象人在中国气象局和省委省政府的正确领导下，与时代同频共振，以奋斗成就事业，谱写出安徽气象壮丽篇章。

1950年3月，华东军区气象处在安徽省安庆市建立第一个气象站，翻开了新中国成立后安徽气象事业发展的第一页。彼时，安徽气象部门艰苦创业，集聚和培养人才，开展气象站网和各项业务科研创建，初步搭建了安徽气象事业基本框架，农业生产、防汛抗旱等气象服务效益初步显现。改革开放以来，安徽气象工作重心转移到提高气象服务效益和气象现代化建设上来，安徽气象事业步入了健康、持续、快速发展时期。1999年，我国第一部SA型新一代天气雷达在合肥落成，在此基础上建成的新一代气象综合业务系统，率先实现了省级气象业务全面升级，带动和提升了气象现代化整体水平。气象防灾减灾、为农服务能力明显增强，服务效益成效显著。党的十八大以来，安徽气象部门坚持以党的建设为统领，全面推进气象现代化，推动气象服务全方位融入经济社会发展和人民群众生产生活，气象现代化水平稳居全国前列，气象工作有力助推了现代化五大发展美好安徽建设，安徽气象事业迈入高质量发展的新阶段。

铭记历史，才能继往开来。为此，我们以画册的形式，辑集了这本《新中国气象事业70周年·安徽卷》。画册选录了70年来安徽气象事业发展过程中具有历史意义的瞬间，收录了党和政府亲切关怀、公共气象服务、现代气象业务、气象科技创新、气象管理体系、开放与合作和气象精神文明建设这7个方面共500多幅图片。这些图片真实记录了70年安徽气象事业发展成长的足迹，是安徽气象人创业历程的真实反映，更是安徽气象辉煌成就和安徽气象人奋斗精神的有力见证。打开这本画册，我们可以看到，70年来，安徽气象事业从小到大、由弱变强，向着气象现代化的目标，走过了一段极不寻常的改革、创新、发展之路，以浓墨重彩，描绘出一幅又一幅壮美的画卷。

"一切伟大成就都是接续奋斗的结果，一切伟大事业都需要在继往开来中推进。"怀揣实现中华民族伟大复兴的中国梦，安徽气象人又站到了新的起点上。潮起海天阔，扬帆正当时。在习近平新时代中国特色社会主义思想指引下，安徽气象部门将聚焦国家重大发展战略和省委省政府决策部署，按照"需求牵引、安徽特色、时代特征"的要求，以发展智慧气象、民生气象为导向，以重大项目为抓手，进一步完善合作机制，加快气象事业高质量发展，努力实现服务数字化、网格化、智能化、流域化，为决胜全面建成小康社会、加快建设现代化五大发展美好安徽做出新的更大的贡献。

目 录

总序

前言

党和政府亲切关怀篇 1

公共气象服务篇 21

现代气象业务篇 55

气象科技创新篇 83

气象管理体系篇 117

开放与合作篇 155

气象精神文明建设篇 167

党和政府亲切关怀篇

　　70年来，安徽气象的每一次进步都离不开党和政府的关心支持，那些饱含深情的叮咛与嘱咐、牵挂与期盼，历历在目，宛若昨天。

　　在党和政府的温暖关怀和倾力支持下，安徽省气象局秉承为经济社会发展和人民安全福祉服务的根本宗旨，紧紧依靠科技进步，认真履行防灾减灾和社会管理职能与作用，逐步形成了结构合理、布局适当、功能齐备的气象现代化体系，气象综合实力显著提升，气象服务效益明显提高，气象事业取得全面发展。

▲ 1965 年 7 月 13 日，中国人民解放军副总参谋长张爱萍在黄山光明顶为黄山气象站题诗："中华儿女巧夺天，光明顶上苦修炼。耕耘播雨观变幻，善断未来胜神仙。"

▲ 1980 年 6 月 24 日，国务院副总理方毅在黄山光明顶为黄山气象站题词："身居高山测风云，愿为四化献青春。"

◀ 1986 年 10 月 16 日，
我国第一个高山远程天
气雷达站——黄山气象
站 714 天气雷达在黄山
光明顶建成竣工。国家气
象局局长邹竞蒙（第二
排左六）、安徽省副省
长孟富林（第二排右六）
出席了竣工典礼

1986 年 10 月，国家气 ▶
象局局长邹竞蒙（中）
为黄山气象站 714 天气
雷达开机

1986 年 10 月 18 日，▶
国家气象局局长邹竞蒙
（左二）到九华山气象
站视察

◀ 1986 年 7 月，国家气象局副局长骆继宾（左二）在滁州市凤阳县气象局视察工作

◀ 1988 年 7 月 25 日，安徽省委书记卢荣景（中），省委副书记、省防汛抗旱指挥部指挥长孟富林（左）到省气象台检查汛期工作，听取省气象局局长张锋生（右）汇报，赞扬气象工作做得好

◀ 1996 年 7 月 1 日，中国共产党成立 75 周年之际，安徽省委书记卢荣景（前排左三），省委常委、秘书长季家宏（前排左一）到省气象局看望慰问干部职工。图为卢荣景与预报员调看气象资料

1999 年 7 月 13 日，安徽省委副书记、省长王太华（前排中）在省政府秘书长田维谦（前排右）的陪同下，到"省政府国庆 50 周年重点工程竣工项目"——合肥多普勒天气雷达站视察，并现场办公解决有关问题

1999 年 11 月 20 日，中国气象局局长温克刚（第二排左三）在黄山气象站调研，并与职工合影留念

1999 年 11 月 26 日，中国气象局局长温克刚（左三）在池州市气象局视察工作

◀ 1999 年 12 月 26 日，合肥新一代天气雷达交付验收会在合肥举办，中国气象局副局长、验收组组长李黄（中）宣布："我们带着兴奋、自豪的心情，验收通过首台中国新一代天气雷达。"

◀ 2000 年 7 月 18 日，安徽省委书记王太华（左二）到当涂县塘南镇视察安徽农网乡镇信息站

◀ 2000 年 11 月 8 日，安徽省省长许仲林（左二）视察省气象局，参观合肥 S 波段多普勒天气雷达

2002 年 5 月 19 日，中国气象局局长秦大河（前中）调研安徽农网

2003 年 7 月 12 日，中国气象局副局长许小峰检查指导安徽省防汛抗洪气象服务工作，并深入沿淮受灾气象站慰问。图为许小峰（中）乘船查看颍上县气象局受灾情况

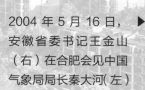

2004 年 5 月 16 日，安徽省委书记王金山（右）在合肥会见中国气象局局长秦大河（左）

2004 年 5 月 16 日，中国气象局局长秦大河在蚌埠市气象局检查指导工作，通过可视会商系统与县气象局人员交流

2004 年 6 月 17 日，中国气象局副局长刘英金（右一）在黄山气象站调研

2004 年 8 月 5 日，中国气象局纪检组组长孙先健（右四）调研安徽农网

2005 年 7 月 12 日，▶
安徽省委常委、常务
副省长任海深在王家
坝闸检查防汛工作，
参观了省气象局派出
的应急流动气象台

2008 年 1 月 27 日，▶
安徽省委书记王金山
（前排左三）在省气象
台调研

2008 年 2 月 1 日，中 ▶
国气象局局长郑国光
（前排左一）在省气象
局调研

▲ 2009 年 4 月 7 日，科技部副部长张来武（前排中）在省气象局调研安徽农网建设运行情况

▲ 2009 年 8 月 13 日，中国气象局副局长矫梅燕（前排左）到凤阳县小岗村调研气象
为农服务情况，并向小岗村赠送电脑设备，小岗村第一书记沈浩（前排右）接受捐赠

▲ 2011 年 6 月 8 日，安徽省委书记张宝顺（前排中）视察安徽农网，并通过综合信息服务终端与农网专家进行在线交流

▲ 2011 年 6 月 8 日，安徽省委书记张宝顺（前排右二）在省气候中心检查指导工作

◀ 2012 年 1 月 6 日，中国气象局副局长宇如聪（右二）到六安市霍山县气象局调研

◀ 2012 年 1 月 27 日，安徽省副省长余欣荣（右三）在省气象局主持召开省政府农业物联网专题会议

◀ 2012 年 4 月 17 日，安徽省副省长梁卫国（左二）在安徽农网调研指导气象为农服务工作

▲ 2012 年 8 月 10 日，安徽省省长李斌（中）在宁国市气象局检查指导防御台风"海葵"工作

▲ 2014 年 5 月 29 日，中国气象局局长郑国光（前排中）在蚌埠市气象局检查指导汛期气象服务工作

▲ 2016 年 6 月 12 日，安徽省委书记王学军（前排右二）在省气象台检查指导防汛气象服务工作

▲ 2016 年 6 月 12 日，安徽省委书记王学军（前排左三）在安徽农网调研"惠农气象""聚农 e 购""爱上农家乐"平台建设时称赞说，这些平台有特色、接地气，要依托现有信息平台，大力发展农村电商，延伸为农服务链条，使之真正成为农业稳定发展、农民持续增收的好帮手

▲ 2017 年 4 月 13 日，中国气象局副局长沈晓农（右三）
在芜湖市气象局检查汛期气象服务准备工作

▲ 2017 年 6 月 26 日，安徽省委书记李锦斌（前中）在省气象局调研气象工作

▲ 2017 年 6 月 27 日，安徽省省长李国英（前排左）在省气象台调研汛期气象服务工作

▲ 2017 年 11 月 8 日，中国气象局副局长于新文到中国科学技术大学及中国科学院安徽光学精密机械研究所、中国电子科技集团公司第三十八研究所和安徽省气象局等单位调研，并与安徽省政府共商共同建设大气环境立体监测大科学装置事宜。图为于新文副局长（前排右二）在中国科学技术大学参观

▲ 2018 年 1 月 30 日，安徽省副省长张曙光（前排右二）在省气象局调研检查气象服务工作

▲ 2018 年 9 月 15 日，安徽省委书记李锦斌（前排右二）、省长李国英（前排右一）巡视合肥农交会安徽农网展馆。李锦斌书记表示，气象工作很重要，要增强气象为农服务的预见性，为"三农"提供气象保障服务

▲ 2019 年 3 月 31 日，安徽省省长李国英（中右）在合肥稻香楼宾馆会见中国气象局局长刘雅鸣（中左），共商推进安徽更高水平气象现代化事宜

▲ 2019 年 4 月 1 日，中国气象局局长刘雅鸣（右三）在铜陵市气象局调研指导汛期气象服务工作

▲ 2019 年 4 月 2 日，中国气象局局长刘雅鸣（前排左三）在寿县国家气候观象台调研气象科研工作

▲ 2019 年 5 月 23 日，中国气象局副局长余勇（右三）在芜湖市气象局调研指导气象服务工作

公共气象服务篇

　　70 年来，安徽气象部门坚定不移地沿着公共气象发展道路前进，胸怀风云变幻，心系万家冷暖，面向生产生活需要，殚精极虑，精益求精，提供更为优质的气象服务，只为心底那一份真诚的祝愿：你若安好，便是晴天。

　　通过不断深化气象服务供给侧结构性改革，完善深入乡村的气象防灾减灾体系，针对农业、交通、林业、旅游、生态等提供精细化、专业化气象服务，实现报纸、广播、电视、传真、手机短信等传统媒介与微博、微信、微视等新媒体的深度融合，目前全省已基本形成以决策气象服务、公众气象服务、专业气象服务为主体的现代气象服务体系。

气象防灾减灾

安徽省气象局在防灾减灾工作中，聚焦灾前、灾中、灾后，灾前充分发挥气象消息树作用，灾中严密监测、滚动服务，灾后细致调查，及时总结经验，不断提升气象防灾减灾业务水平和服务能力，在防御流域性特大洪水、区域性特大干旱、低温雨雪冰冻等灾害性天气中做出了应有贡献。

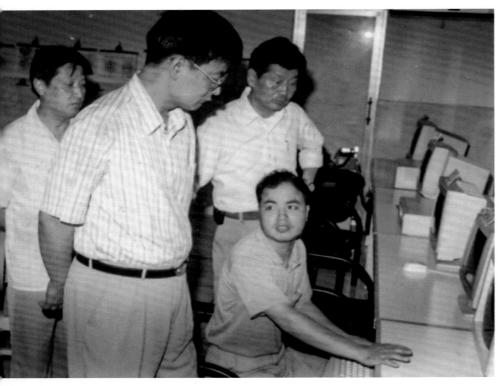

◀ 1998 年 7 月，长江出现流域性大洪水，芜湖市委书记刘伟（前排左一）在市气象局检查指导汛期天气服务工作

◀ 2007 年，淮河流域出现洪涝灾害，气象部门开展抢险救灾现场气象服务

▲ 2007 年，淮河出现流域性大洪水，省气象局将气象应急指挥车开到阜南县王家坝，现场开展气象服务工作

▲ 2016 年 3 月 24 日，省气象局召开汛期气象服务动员会

◀ 1986 年，安徽在全国气象部门率先向社会提供雷电灾害防御技术服务

▲ 2008 年 1 月，安徽省出现大范围持续低温雨雪冰冻天气过程，省气象局组织全省各级气象台站加密观测，积极开展灾情调查，为气象防灾减灾及时提供数据支撑。图为气象工作人员加密观测雪深和调查输电线路覆冰灾情

▲ 2017 年 7 月，天柱山风景区遭受雷击，省气象灾害防御技术中心在雷击点开展现场勘测

▲ 2019 年 3 月 23 日，合肥市气象局组织气象专家深入街道社区，开展气象防灾减灾宣传活动

▲ 2014 年 10 月 28 日，省气象局召开年度气象灾害防御部门联络员工作会议，省政府应急办、公安厅、农业厅等 13 个部门参加

▲ 2017 年 11 月 15 日，马鞍山市气象局参加全市突发环境事件应急救援综合演练

▲ 2018 年 12 月 6 日，新组建的省应急管理厅相关领导来到省气象局，共商气象灾害应急管理工作

▲ 2019 年 4 月 30 日，安徽省政府召开全省防汛抗旱工作电视电话会议，省长李国英（右二）出席会议，省气象局局长于波（左一）汇报气象服务准备情况

◀ 2019 年 5 月 8 日，安徽省政府召开全省汛期地质灾害防治工作电视电话会议，省气象局汇报汛期气候趋势及气象服务准备情况

公众气象服务

安徽省气象局公众气象服务经过多年发展，现已实现报纸、广播、电视、传真、手机短信全覆盖，在此基础之上，气象服务实现了与微博、微信等新媒体的深度融合，极大提升了公众气象服务的传播速度，扩大了其覆盖面，为满足人民群众对美好生活的新期待而竭尽全力。

1	2
3	4

1. 1997 年 12 月 11 日，合肥市"121"气象预报电话服务系统正式开通

2. 2002 年，芜湖市"121"气象预报电话服务热线工作区

3. 2002 年，芜湖市气象影视中心工作区

4. 2003 年 6 月 18 日，安徽省气象防灾减灾短信息服务系统正式开通，手机气象短信成为气象服务的重要方式之一

▲ 2008 年 1 月，安徽出现雨雪冰冻天气，农民朋友通过气象预警电子显示屏收看气象预报预警信息

▲ 2011 年 10 月 11 日，池州市青阳县气象局在陵阳镇清泉村安装气象预警信息大喇叭

▲ 2016 年 10 月 16 日，合肥市气象局工作人员使用新型便携式自动站为合肥铁人三项比赛提供现场气象服务

▲ 2018 年 6 月 13 日，阜阳市气象局为省公务员考试体能测试提供现场气象服务

2018 年 5 月 18 日，▶
安徽气象首档互动类
网络直播节目《天与
天寻》在省公共气象
服务中心启动开播

2018 年 9 月 29 日，▶
省气象局召开国庆天
气新闻通气会，通过
新闻媒体权威发布国
庆天气情况

2019 年 5 月 29 日，▶
省气象局参加安徽广
播电视台《政风行风
热线》直播节目，通
过电台与广大群众交
流气象服务

气象助力乡村振兴

安徽省气象局始终把气象为农服务放在气象服务的重要位置，围绕乡村振兴和脱贫攻坚两大国家战略，积极探索、大胆尝试，打造惠农平台，服务现代农业，推进智慧农业气象保障服务、农村气候资源挖掘、农产品品牌提升，助力脱贫攻坚。1998 年经省政府批准建立的安徽农网，至今已多维度、全方位开展气象为农服务。

◀ 20 世纪 90 年代，省气象局在大别山区建立了安徽省气象科技扶贫基地

◀ 20 世纪 90 年代，省气象部门农业气象科技人员在大别山区指导农民种植柑橘

◀ 1993 年，大别山区气象科技扶贫协作会议在金寨县气象局召开

▲ 1998年9月，安徽省政府批准省气象局建立省农村综合经济信息中心（简称"安徽农网"）。因在农村信息化服务体系建设中做出突出贡献，安徽农网于2001年荣获"全国优秀农业政府网站"称号，被国务院信息化工作办公室和信息产业部向全国推荐，并于2004年荣获安徽省"优秀政府网站特等奖"

▲ 2000年12月10日，《人民日报》刊登《"安徽农网"为农民架起致富桥》一文，并刊发短评《为农服务贵在创新》

▲ 2000 年，安徽省政府组织实施安徽农网"信息入乡到村"工程。图为蚌埠市气象局为禹会区秦集镇"安徽农网河北村信息服务点"授牌

▲ 2005 年 5 月 18 日，安徽农网参加徽商大会，推介安徽名优特农产品。图为安徽省委副书记王明方（中）参观安徽农网展台

◀ 2012 年 8 月 7 日，淮北濉溪县黄新庄村农民在镇综合信息服务站，通过安徽农网信息终端视频连线远程咨询农业技术专家

◀ 2013 年，和县"三农"标准化示范村——乌江镇石山新村的气象电子显示屏建成

1. 2014年6月18日，安徽农网旗下"聚农e购"农产品电子商城正式上线，进一步拓展了安徽名优特农产品销售渠道

2. 2015年7月，省气象局、马鞍山市政府举行基层气象为农服务社会化试点工作签约仪式

3. 2015年7月，省气象局为农服务社会化试点项目"聚农e购"安徽名优特产线下电子商务体验厅在含山县开业

4. 2017年6月17日，省气象局公益助农品牌"爱农帮"在凤阳县大庙镇举办觅仙桃助果农——"爱农帮"走进东陵油桃爱心认购现场会，助力农产品销售

5. 2017年9月9日，安徽农网旗下"聚农e购"农产品电子商城开展扶贫助农爱心采摘公益活动，助力精准扶贫

	1
2	3
4	5

▲ 2018 年 9 月 15—17 日，由农业部和安徽省政府共同主办的中国安徽名优农产品暨农业产业化交易会在合肥举行，安徽农网现场开展"爱农""聚农""惠农"三大平台推广及气象科普宣传工作

▲ 2018 年 9 月 19—20 日，全国气象为农服务工作会议在合肥召开，省气象局副局长汪克付作题为《智慧农业气象服务的基层实践》交流发言

◀ 安徽农网技术人员为全国气象为农服务工作会议与会人员介绍"互联网＋农业＋气象"众包服务新模式

◀ 2019 年 4 月 23 日，安徽农网《专家在线》栏目制作视频服务节目，邀请省植保总站专家就小麦赤霉病防治问题为网友答疑解惑

1. 宿州农田小气候监测站

2. 建在新型农业经营示范园内的农田小气候自动监测站

3. 安装在甜叶菊种植园内的农田小气候监测设备

4. 建在茶园内的多要素自动气象站

1	2
3	4

▲ 农业气象技术人员进行田间作物观测

▲ 2008 年 7 月 7 日，省气象局与国元农业保险公司签署协议，共同开展政策性天气指数保险。图为建设在芜湖县的水稻高温热害天气指数保险加密气象观测点

▲ 芜湖市气象局农业气象技术人员利用无人机遥感技术开展水稻热害监测大田调查

经审定，登记申请人申报的农产品符合气候好产品登记条件和相关技术标准要求，准予登记并允许在农产品或农产品包装物上使用气候好产品公共标识，特颁此证。

核准产品全称：　"寒山七根"牌白茶

申请单位名称：　旌德县国庸生态科技发展有限公司

登记核准区域：　宣城市旌德县白地镇

登记评价时段：　2018年3月23日—2018年4月7日

登记核准结论：　"优"

2018年登记区域内白茶越冬期平均气温2.7℃，降水132.1mm，日照时数209小时；萌发期间平均气温9.6℃，降水107.1mm，日照时数为103.3小时。气候条件总体适宜，未发生明显气象灾害，有利于登记区域内白茶品质的形成。

核准登记2018年3月23日—4月7日登记区域内采摘的茶叶气候品质等级为"优"，其中3月30日—4月7日气候品质登记为"特优"。

2018年6月27日

▲ 省气象局充分发挥气象趋利避害的作用，积极打造"安徽气候好产品"品牌。图为宣城市"寒山七根"牌白茶获好产品登记证书。截至2019年6月，已完成7类16家企业特色作物气候好产品评价登记

▲ 2012年开始，省气象局开发利用农业气候资源，开展农产品气候品质认证工作，助力农业产业发展。图为气象部门向芜湖南陵蓝莓种植基地颁发安徽省第一张农产品气候品质评价证书的评价会现场

▲ "徽王蓝莓"获得农产品气候品质认证

◀ 2015 年，省气象局开始建设
"爱上农家乐"乡村旅行平台，
获得"国家旅游信息化优秀
项目"称号，并入选安徽省
改革开放 40 周年科技创新成
果展名录

◀ 省气象局研发的"惠农气象"
手机应用程序（APP），实
现了天气预报预警、农情气
象、农业资讯、农业科技等
信息智能化推送

安徽省气象局紧紧围绕省委省政府关于现代化五大发展美好安徽建设的决策部署，认真贯彻落实中国气象局关于生态文明建设气象保障服务的任务要求，以气候资源保护与开发利用监管和服务、生态建设与生态环境治理气象评估和服务、最严格生态环境保护制度基础支持为抓手，全面融入安徽生态文明建设，积极履行气象部门职责，为打造生态文明建设安徽样板贡献气象智慧。

生态气象保障

1	2
3	4

1. 20 世纪 70 年代开始，省气象局在地方人武部、民兵的协助下，开展以抗旱为主的人工增雨作业。图为部队在怀远县协助开展"三七"高炮人工增雨作业

2. 2017 年以来，按照省政府要求，安徽省建立了由气象部门统一指挥调度的人工增雨指挥体系，开展大规模、全境域、立体化人工增雨作业。图为火箭人工增雨作业

3. 2017 年 6 月，淮北市烟炉人工增雨作业

4. 2017 年 11 月，蚌埠市飞机人工增雨作业

▲ 自 2014 年起，省气象局发挥气象在生态文明监测与考核中的基础支撑作用，构建生态气象监测考核指标，为政府建立绿色发展和生态文明建设制度体系贡献气象智慧，开辟了生态气象服务发展的新途径。图为 2014 年 1 月 24 日，省气象局局长于波（右二）与来安县委书记金维加（左三）商定探索构建区域环境气象考核指标体系试点

▲ 2015 年，来安县构建面向县域生态环境气象考核的监测网，实现环境气象考核数据业务化。图为来安县 2016 年度生态环境气象工作考核结果通知

▲ 2017 年，来安县委印发《来安县 2017 年度乡镇领导班子和领导干部综合考核办法》，正式将环境气象指标纳入对乡镇领导班子和领导干部综合考核

安徽省统计局文件

皖统〔2018〕50号

安徽省统计局关于印发《全省绿色发展季度统计监测体系》的通知

省直有关单位，各市统计局，省直管县统计局：

为贯彻坚持生态优先、绿色发展的新理念，根据有关方面的指示，现将《全省绿色发展季度统计监测体系》印发给你们，请认真抓好贯彻落实，及时提供相关指标数据。

2018 年 7 月 23 日

（此件依申请公开）

— 1 —

附件

全省绿色发展季度统计监测指标体系

指标分类	序号	指标	单位	数据来源	指标类型	在监测领域的权重	在总指数中的权重
绿色循环经济	1	规模以上工业节能环保产业产值	万元	省统计局	◆	1/5	1/4
	2	财政支出中节能环保支出占比	%	省财政厅	◆	1/5	
	3	有机、绿色、无公害农产品认证个数	个	省农委	◆	1/5	
	4	绿色出行（城镇每万人口公共交通客运量）	万人次/万人	省交通厅	◆	1/5	
	5	规模以上工业中战略性新兴产业产值占比	%	省统计局	◆	1/5	
节能低碳发展	6	能源消费总量	万吨标煤	省统计局	★	2/9	1/4
	7	单位 GDP 能耗	吨标煤/万元	省统计局	★	2/9	
	8	规模以上工业煤炭消费量	万吨	省统计局	★	2/9	
	9	规模以上工业单位工业增加值能耗	吨标煤/万元	省统计局	◆	1/9	
	10	机动车保有量中新能源汽车保有量占比	%	省公安厅	◆	1/9	
	11	发电装机容量中可再生能源装机容量占比	%	省能源局	◆	1/9	
污染防治	12	大气环境指数	—	省气象局	◆	1/7	1/4
	13	地级城市空气质量优良天数比例	%	省环保厅	★	2/7	
	14	细颗粒物（PM$_{2.5}$）未达标地级城市浓度	微克/立方米	省环保厅	★	2/7	
	15	地级城市集中式饮用水水源水质达到或优于III类比例	%	省环保厅	◆	1/7	
	16	自然村常住农户改厕完成率	%	省住建厅	◆	1/7	
绿色生态	17	植被指数	—	省气象局	◆	1/4	1/4
	18	地表水质指数	—	省环保厅	★	2/4	
	19	温湿适宜频率指数	—	省气象局	◆	1/4	

▲ 2017—2018 年，省气象局与省统计局开展部门合作，空气洁净度（大气环境指数）、空气清新度（植被指数）、空气舒适度（温湿适宜频率指数）气象指标被纳入《全省绿色发展季度统计监测指标体系》

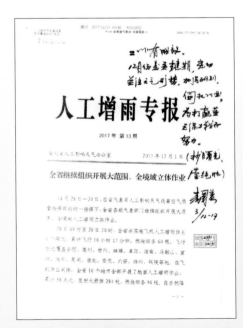

▲ 2017 年 12 月 3 日，安徽省省长李国英在省气象局呈报的《人工增雨专报》（2017 年第 13 期）上作出批示

▲ 2018 年 5 月 31 日，宿州市气象、环保部门联合召开大气污染防治攻坚会商

新中国气象事业70周年

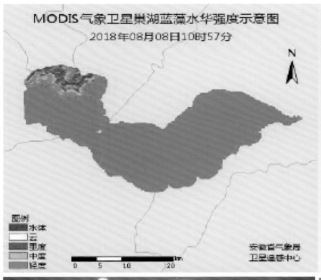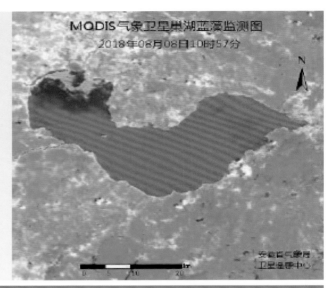

1. 2018年8月，巢湖蓝藻正值爆发期，省气象局利用卫星遥感数据对巢湖蓝藻进行监测

2. 2019年7月，由合肥市规划设计研究院和安徽省气候中心承担的合肥市通风廊道研究与规划编制项目通过专家验收评审，为改善城市空气污染提供了科学规划依据

3. 按照"引风来、风穿城"的通风廊道空间布局，合肥城区打造4大通风口、9条一级通风廊道、18条二级通风廊道，形成了"4+9+18"的通风廊道体系

1

2 | 3

42

1. 2016 年以来，在中国气象服务协会组织开展的"中国天然氧吧"创建评选活动中，安徽已有石台、金寨、绩溪、霍山、潜山、广德这 6 个市（县）获此殊荣。图为石台县荣获首批"中国天然氧吧"称号

2. 自 2017 年开始，省气象局连续组织三届"寻找安徽避暑旅游目的地"活动，认定"安徽避暑旅游目的地"45 处。图为 2017 年首届"寻找安徽避暑旅游目的地"活动发布会现场

3. 石台县荣获首批"中国天然氧吧"称号后，生态旅游发展得到了很大推动

4. 金寨县大峡谷漂流景区被认定为"安徽避暑旅游目的地"后，游人如织

行业气象服务

70 年来，安徽省气象局行业气象服务从无到有，坚持深耕细作，与交通、旅游、林业、海事、民航、体育、电力等行业主管部门开展深度合作，尽最大努力满足用户需求，实现合作共赢。

◀ 从 2010 年起，安徽省政府组织开展高速公路恶劣气象条件监测预警系统建设，有效降低了气象灾害对道路交通安全的威胁。图为 2012 年 2 月，国务院道路交通安全调研组对安徽高速公路恶劣气象条件监测预警系统进行现场调研

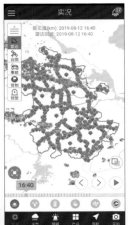

◀ 2015 年，省气象局组织开发高速交警专用气象手机客户端专供省交警部门使用

◀ 省气象局组织开发的安徽省高速交警专用气象手机客户端被评为 2015 年度"安徽省信息化创新产品"

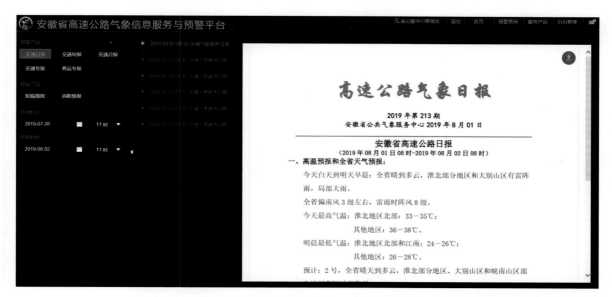

▲ 2018 年，安徽省完成新一轮高速公路恶劣气象条件监测预警系统升级建设。图为升级后的安徽省高速公路气象信息服务与预警平台，专供交警、路政、高速公路控股集团等部门使用

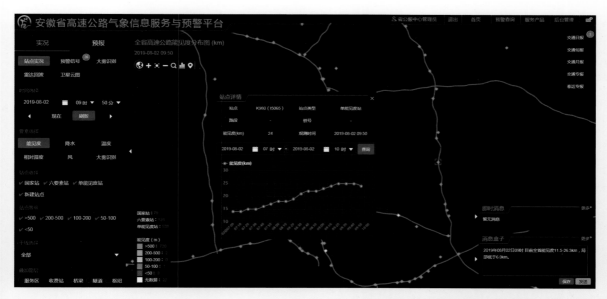

▲ 2018 年，省气象局研发的安徽省高速公路视频大雾识别系统，可通过高速视频摄像头进行大雾识别

▲ 2008 年，黄山气象管理处建成黄山旅游专业气象台

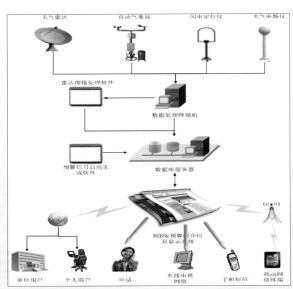

▲ 2009 年建成的黄山旅游气象防灾预警服务系统网络图

◀ 黄山风景区旅游气象服务系统界面

黄山风景区未来7天气象景观预报　黄山旅游气象台10月17日17时发布

时间	日出概率		日落概率		云海概率%	雾凇概率%
	日出时间	日出概率%	日落时间	日落概率%		
10月18日(周四)	06:10	80	17:35	90	10	10
10月19日(周五)	06:11	90	17:34	80	10	10
10月20日(周六)	06:11	80	17:33	10	10	10
10月21日(周日)	06:12	80	17:32	80	10	10
10月22日(周一)	06:13	80	17:31	80	10	10
10月23日(周二)	06:13	80	17:30	80	10	10
10月24日(周三)	06:14	80	17:29	90	10	10

◀ 黄山风景区旅游气象服务产品界面

2013 年 1 月，在中国 ▶
旅游产业发展年会上，
黄山旅游气象防灾预
警服务荣获 2012 中
国旅游公共服务项目
前 10 名，是全国气象
部门唯一获此殊荣的
项目

2018 年 1 月 19 日，▶
国家气象公园试点建
设在黄山启动

2019 年 1 月 10 日，▶
黄山国家气象公园试
点建设申报方案通过
省气象局组织的专家
论证。2 月，中国气象
服务协会正式批复确
定黄山国家气象公园
为首批国家气象公园
试点

▲ 20 世纪 70 年代，安徽气象部
门为合肥骆岗机场提供气象服务

▲ 1999 年 6 月 20 日，芜湖长江大桥建设即将
竣工，气象部门为大桥建设开展现场服务

◀ 2017 年，省气象局开发的巢
湖航运气象服务平台，为湖
区水上交通安全提供了有力
气象保障

◀ 2018 年 7 月 3 日，省气象局
与民航安徽空管分局签订战
略合作协议，全面提升安徽
航空气象保障服务能力

1. 2010 年 11 月 12 日，宿州市电力气象专业服务保障系统投入业务运行

2. 2014 年 11 月 2 日，巢湖市气象局开展环巢湖全国自行车赛气象现场保障服务

3. 2016 年 10 月 28 日，合肥市气象局与合肥市体育局正式签署合作协议，联合成立合肥市体育气象台，共同创新开展体育气象保障服务

4. 2017 年 10 月 26 日，省气象局与省林业厅签署深化合作协议，双方充分发挥行业优势，协同推进生态观测、森林防火和林业有害生物防治等灾害应急、应对气候变化、林业信息化等工作

5. 2017 年，省气象局组织开发的森林防火气象支持系统可实时监测火点信息

6. 2019 年 4 月 18 日，淮南市气象局深入到水面光伏发电企业开展现场服务

1	2
3	4
5	6

决策气象服务

安徽省气象局紧紧围绕各级党委、政府重大决策部署和重大活动安排，聚焦防汛抗旱、地质灾害防御、城市内涝、安全生产、污染防治、农业生产等防灾减灾救灾指挥决策，持续推进气象现代化建设，不断提升气象预报预测服务水平，服务产品越来越精细，服务方式越来越先进，对防汛抗旱、防灾减灾等决策所起的参谋作用越来越凸显。

▲ 1977 年 5 月，芜湖市气象台与安徽师范大学、芜湖市图书馆合作，制作决策气象服务材料《一千多年芜湖地区水灾情况》

▲ 2003 年，淮河出现流域性大水，7 月 3 日，王家坝闸自 1991 年以来首次开闸泄洪。为全力做好 2003 年淮河流域汛期气象服务，省气象台组织专家成立防汛前线服务组，赶赴现场开展决策气象服务

▲ 2003 年，省气象局防汛前线服务组赴阜南县气象局开展现场决策气象服务

▲ 2003 年 7 月 13 日，省气象局防汛前线服务组在阜南县王家坝防汛前线指挥部接受媒体采访，发布权威气象信息

2003 年 7 月 15 日，中国气象局副局长许小峰（右二）在省气象局局长孙健（右一）陪同下，在水利部淮河水利委员会（蚌埠）参加天气形势分析会

2003 年 7 月 28 日，颍上县气象局被淹，业务人员始终坚守岗位，开展气象服务业务工作

2005 年 7 月 13 日，安徽应急气象台进驻王家坝，为迎战淮河洪水开展现场决策气象服务

1. 2012 年 8 月 7 日，安徽省政府召开全省防御台风"海葵"视频会议，省气象局局长于波（右）向副省长梁卫国（左）汇报台风路径和影响预报及防御建议

2. 2016 年 7 月 25 日，淮河防汛抗旱总指挥部办公室给淮河流域气象中心发来感谢信，感谢气象中心多年来提供的及时、准确、优质、高效的气象保障服务

3. 2018 年 4 月，安徽省政府外事办公室发来感谢信，感谢省气象局在津巴布韦共和国总统来皖访问期间开展了细致周密的气象保障服务工作

1. 2009 年 6 月 3—7 日，全国多地出现大风、冰雹天气。8 日，安徽省气象局及时呈送分析研判本省大风、冰雹等强对流天气预测预报情况汇报材料，省委书记王金山对呈阅材料作出批示："思路对头，保持警惕。"

2. 2018 年 1 月，安徽省出现入冬以来最强大雾天气，省长李国英在《气象信息专报》上作出批示，强调要加强联动，严防因雾发生事故

3. 2018 年 1 月 5 日，安徽省政府召开全省应对冰雪灾害工作视频会议，会议要求气象、公安、交通运输、安全监管等部门加强联动，确保交通安全顺畅

	1	2
	3	

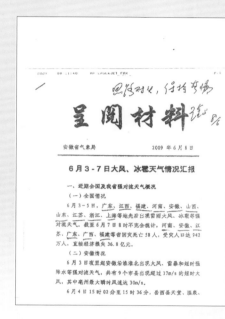

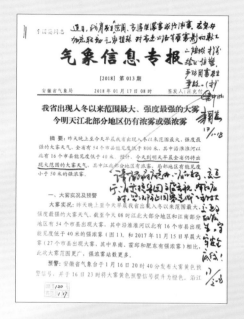

现代气象业务篇

　　70 年来，安徽气象人初心不改，以准测风云为天职，始终守望着江淮大地之上的这一片天空，用智慧和汗水，推动着安徽气象业务由人工到自动再到智能的现代化方向发展，创造了一个个跨越历史的业绩。

　　截至 2018 年底，全省建成 295 个国家级气象观测站、2446 个省级气象观测站，地面气象要素观测空间加密到 7.2 千米。建成新一代天气雷达 9 部、移动雷达 3 部、风廓线雷达 4 部，风云三号、风云四号卫星省级直收站各 1 个。建成 85 个土壤水分监测站、64 个 GNSS/MET 水汽监测站、4 个颗粒物浓度监测站，以及覆盖全省高速公路、主要山岳型景区的交通、旅游气象监测网。建立全省智能网格气象预报业务，实现多种气象要素、灾害性天气高时空分辨率的智能网格预报业务化运行，一个现代化的智能观测预报体系已初步建立。

综合气象观测

　　70 年来，安徽综合气象观测业务先后经历新中国成立初期的创业发展、改革开放以来的快速发展到党的十八大以来的全面发展，气象观测站网从无到有，从单一地面观测网逐步向高空观测、卫星探测、专业观测延伸，从依赖人工逐步向自动化、遥感遥测化拓展，综合气象观测站网不断完善，气象灾害监测能力不断提升，运行保障支撑能力不断增强。截至 2019 年底，已建立了布局完善、功能齐备的"天—地—空"综合气象立体观测网，为安徽气象事业发展提供了有力的基础支撑。

◀ 1880 年，芜湖国家气象观测站最早的观测资料

▲ 1880 年，法国人金式玉在芜湖鹤儿山（今芜湖吉和街天主教堂）建立芜湖测候站，开始降雨量观测。芜湖国家气象观测站是安徽省历史最为悠久的气象台站，也是中国气象局认定的"中国百年气象站"

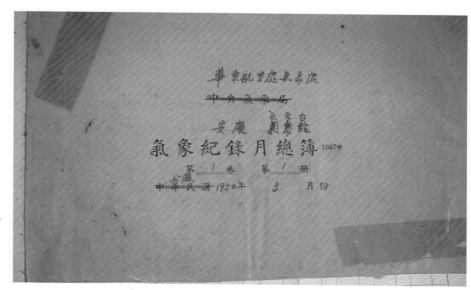

1950 年 3 月，华东军区航空 ▶
处气象处在安庆组建安徽省
第一个气象站。图为该气象
站第一份气象记录月总簿

1954 年，安徽省军区司令部 ▶
蚌埠气象台观测组全体工作
人员合影

1964 年，安庆专区气象台工 ▶
作人员合影

1. 20 世纪 50 年代，凤阳国家气象观测站的地面气象观测场

2. 20 世纪 50 年代，宿州市气象局观测员指导年轻观测员更换温湿自记纸，进行地面气象观测

3. 1956 年，亳州气象观测站观测员正在进行高空气象探测

4. 20 世纪 70 年代，亳州气象观测站观测员在地面气象观测值班室值班

5. 1984 年，安徽在 PC-1500 计算机上率先成功研发出用于国家基本站的测报程序。随后，在 IBM-PC 机上开发月报表编制程序，在 Apple 机上开发面向基准站的测报程序，研制出的 AHDM4.0 地面测报软件在全国推广。图为 1989 年寿县气象局业务人员在 Apple 机上学习使用地面测报软件

1	2
3	4	5

▲ 20 世纪 70 年代初期开始
使用的国产 701 测风雷达

▲ 1986 年 7 月 22 日，北京军区空军派飞机到安徽黄
山光明顶帮助吊装高山远程天气雷达(714 天气雷达)

1986 年 10 月 16 日，我国 ▶
第一部高山远程天气雷达
（714 天气雷达）在安徽黄
山光明顶竣工

阜阳气象站 711 测雨天气 ▶
雷达于 1974 年投入使用，
1988 年完成数字化改造，
713 天气雷达建成。图为阜
阳气象站原 713 天气雷达主
控制台和数据处理系统

▲ 1996 年 3 月 23 日，中美合作共建的中国首部
新一代多普勒天气雷达项目在合肥开工建设，
2000 年 12 月 1 日开始业务运行

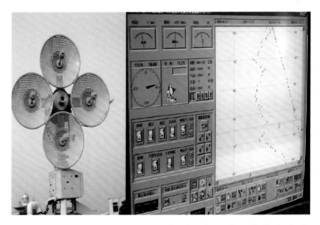

▲ 2004 年 7 月，L 波段探空雷达系统落户安庆

▲ 2008 年 3 月建成的蚌埠新一代天气雷达

▲ 2018 年 8 月建成的亳州 C 波段双偏振天气雷达

▲ 2005年10月，安徽省气象技术装备中心（现安徽省大气探测技术保障中心）携自主研制的自动雨量站等设备参加上海国际气象设备展

▲ 2006年，建成10个GPS/NET观测站

2008年1月，省气象局联合中国电子科技集团公司第三十八研究所研制的气象应急指挥车在抵御冰冻雨雪灾害中开展气象服务 ▶

2003年，省气象局成功研制出智能数据采集与无线数据传输一体自动雨量站，在全国率先建设高时空密度加密雨量站网。截至2018年底，全省中小尺度灾害性监测网站网密度达7.2千米，实现100%乡镇全覆盖。图为2015年建成的滁州全椒黄栗树水库气象观测站 ▶

1. 2011 年，国家级气象观测站开始布设称重式降水传感器

2. 2011 年，国家级气象观测站开始布设前向散射能见度仪

3. 2016 年，国家级气象观测站开始布设降水现象仪

4. 2013 年 9 月，安徽省休宁、安庆两站被列入全国首批 9 个自动化综合业务试点站正式开展业务运行。其后，安徽省各国家级台站陆续开展自动化升级，称重式降水传感器、前向散射能见度仪、降水现象仪、雪深自动观测仪、光电式数字日照计等自动化设备陆续布设。截至 2018 年 12 月，全省 81 个国家级台站全部实现基本观测要素自动化。图为 2017 年 3 月拍摄的桐城国家基准气候站标准化地面气象观测场全景

1	2	3
4		

▲ 2011年5月29日，芜湖风廓线雷达建成并投入使用

▲ 2018年，合肥国家基本气象站布设的新型遥感探测设备——微波辐射计

2018年，安徽省首部新型遥感探测设备——毫米波雷达在合肥国家基本气象站布设完成 ▶

2018年，安徽省首部新型遥感探测设备——大气气溶胶－水汽激光雷达在合肥国家基本气象站布设完成 ▶

▲ 安徽省高速公路恶劣气象条件监测网于2010年建成，2018年大规模加密升级，站网平均站间距15千米，重点路段间距3千米。图为高速公路气象能见度监测站

▲ 安徽省自2013年开始建设大气成分监测网，目前共建有1个大气成分监测站、3个气溶胶颗粒物监测站。图为寿县大气成分监测站的部分室外观测采样设备

◄ 巢湖水上观测平台

◄ 淮北温室气体监测站

64

新中国气象事业70周年

▲ 2019年11月1日，阜阳市气象局业务人员正在施放探空气球

▲ 安徽省首个风云三号极轨气象卫星省级直收站（长丰县气象局）

安徽省气象观测站网布局与规模（截至 2020 年 2 月）

站类	站名	站数
国家气候观象台	寿县	1
国家基准气候站	桐城、屯溪、黄山	3
国家基本气象站	砀山、亳州、蒙城、宿州、阜阳、蚌埠、定远、滁州、六安、霍山、合肥、巢湖、马鞍山、芜湖县、太湖、东至、安庆、铜陵、宁国、祁门	20
国家气象观测站	芜湖、宣城、淮南等 57 个原国家一般气象站，天堂寨、肥西紫蓬、定远炉桥等 214 个新增国家气象观测站	271
高空气象观测站	阜阳、安庆	2
国家应用气象观测站（气象辐射站）	二级站　合肥（太阳总辐射、净辐射）	1
	三级站　屯溪（太阳总辐射）	1
国家应用气象观测站（酸雨站）	阜阳、蚌埠、合肥、安庆、黄山气象管理处、铜陵、马鞍山	7
综合气象观测专项试验外场（原农试站）	合肥、宿州、宣城	3
天气雷达站　新一代天气雷达	马鞍山、蚌埠、黄山、安庆、铜陵、宣城、合肥、阜阳、亳州	9
风廓线	合肥、芜湖、铜陵、亳州	4
移动雷达	人影办（移动 C 波段）、探测中心（移动风廓线）、芜湖（车载 X 波段）	3
微波辐射计	合肥、寿县	2
风云三号卫星省级直收站	长丰	1
风云四号卫星省级直收站	淮南	1
CMACast	全省各台站	81
国家应用气象观测站（闪电定位观测）	六安、阜阳、蚌埠、安庆、屯溪、宣城、合肥	7
国家应用气象观测站（气溶胶质量浓度监测）	寿县、合肥、芜湖、马鞍山	4
移动计量检定系统	全省各市局	16
土壤墒情速测仪	气科所、宿州、宣城、亳州、阜阳、滁州、合肥、桐城、砀山、太和、蒙城、五河、凤阳、寿县、霍邱、长丰、天长、巢湖、宿松、六安、蚌埠、淮北	22
国家应用气象观测站（土壤水分观测站）	砀山（2）、萧县、亳州（2）、临泉、界首、太和（2）、涡阳、淮北、利辛、蒙城（2）、宿州（2）、灵璧、泗县（2）、怀远、固镇、阜南、阜阳（2）、颍上、霍邱（2）、寿县（2）、长丰、凤阳（2）、明光、淮南、定远（2）、全椒、来安、滁州、五河、六安、天长、霍山（2）、金寨、舒城、桐城、肥西、合肥、肥东、巢湖、庐江、无为、含山、和县、当涂、繁昌、芜湖县、太湖、潜山、怀宁、宿松、望江、东至、枞阳、青阳、安庆、黄山区、池州、石台、铜陵、泾县、宣城、旌德、宁国、广德、郎溪、祁门（2）、歙县（2）、休宁、濉溪、凤台、南陵	71 个站，85 套设备

续表

站类		站名	站数
国家应用气象观测站（农气站）	一级	阜阳、亳州、蒙城、六安、寿县、滁州、凤阳、桐城、天长	9
	二级	砀山、五河、巢湖、霍邱、霍山、宿松、池州、东至、祁门、歙县	10
常规气象观测站		单雨量站	397
		四要素	1066
		五要素	7
		六要素	492
		七要素	2
		交通六要素	142
		交通单能见度	634
GNSS/MET	与测绘局合建	合肥（测绘局内）、长丰、肥东、砀山、萧县、灵璧、泗县、濉溪、涡阳、利辛、蒙城、亳州、阜阳、临泉、太和、阜南、颍上、界首、凤台、五河、固镇、天长、全椒、明光、定远、来安、霍邱、六安、霍山、舒城、岳西、宿松、望江、潜山、庐江、巢湖、马鞍山、芜湖、繁昌、池州、石台、东至、青阳、祁门、黄山区、绩溪、泾县、宁国、广德、郎溪、旌德	51
	省局自建	宿州、阜阳、寿县、蚌埠、金寨、桐城、合肥、太湖、东至、铜陵	10
近地层通量观测		寿县	1
应急指挥车		省大气探测技术保障中心、合肥、宣城、马鞍山、淮北、宿州、芜湖	7
大气电场仪		黄山气象管理处 10 个站、省气象灾害防御技术中心 17 个站	27

气象预报预测

安徽省自 1953 年 7 月开展短期天气预报业务，1957 年开始开展中长期天气预报。1987 年以来，以数值预报产品资料和常规、非常规观测资料为基础，以应用气象卫星综合应用业务系统（以下简称"9210 工程"）、气象信息综合分析处理系统（Meteorological Information Comprehensive Analysis and Processing System，简称 MICAPS）为主要平台，建立了暴雨概率预报、雾分县预报、台风检索、精细化预报显示、雷暴潜势预报等系统，开发应用了灾害天气短时临近预报系统（Severe Weather Automatic Nowcast System，简称 SWAN）等预报支撑系统。2004 年，建立安徽省中尺度数值天气预报系统。2006 年，开始开展气象灾害预警、地质灾害气象等级预警预报、城市暴雨积涝预报、城市空气质量预报、淮河流域和长江流域（皖江段）面雨量预报、农业气象产量预报、农作物病虫害气象条件预报、森林火险气象等级预报、水上气象导航预报等。2017 年，开始建设全省智能网格气象预报业务，气象预报预测精细度和准确率大幅提升。持续加强客观化气候业务能力建设，延伸期重要天气过程预测业务能力明显提高。

1	2
3	4

1. 1956 年，亳县谯城区十九里乡水文气象站在黑板上发布天气预报

2. 20 世纪 60 年代，宣城气候站预报员正在进行天气会商

3. 1974 年 6 月 3 日，庐江县广播站播音员正在播送庐江县天气预报

4. 20 世纪 80 年代，宿县行政公署气象局业务人员在手工填写天气图

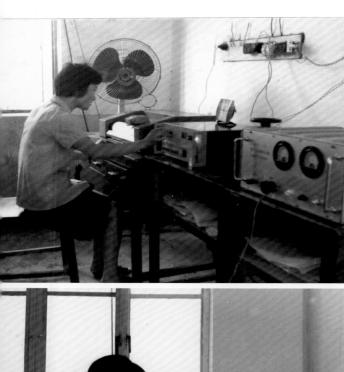

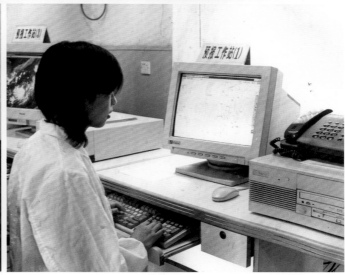

1	2
3	4

1. 20 世纪 80 年代初期，五河县气象局业务人员在接收传真图

2. 20 世纪 80 年代，宣城气象局预报员集体分析天气形势

3. 1984 年 6 月，蚌埠市气象局工作人员利用天气警报接收机为专业用户广播发送天气预报

4. 20 世纪 90 年代，芜湖市气象台预报员应用气象信息综合分析处理系统（MICAPS1.0 版）进行天气分析。MICAPS 系统是与卫星通信、数据库配套的支持天气预报制作的人机交互系统，为气象预报人员提供中期、短期、短时天气预报的工作平台

▲ 2007 年 11 月 22 日，省气象局召开全省重大灾害性天气过程预报技术经验交流会

▲ 2009 年夏，淮河流域气象中心工作场景

▲ 2011 年 4 月 21 日，省气象局组织召开预报服务业务系统观摩评比会

▲ 2012 年 5 月 21 日，苏皖灾害性天气联防技术研讨会在滁州召开

◀ 2012 年 11 月 13 日，省气象台天气会商

◀ 2014 年，在第四届全国气象行业天气预报职业技能竞赛中，安徽代表队获得团体第五名

◀ 2017 年 9 月 27 日，第十届安徽省气象行业职业技能竞赛闭幕式暨颁奖大会在省气象局举行

1. 20 世纪 90 年代末的池州市气象台业务平面

2. 2018 年的池州市气象台业务平面

3. 20 世纪 90 年代中期的池州市石台县气象台业务平面

4. 2018 年的池州市石台县气象台业务平面

5. 2003 年的安徽省气象台业务平面

6. 2019 年的安徽省气象台业务平面一角

1	2
3	4
5	6

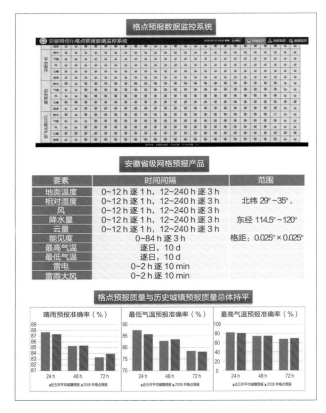

格点预报数据监控系统

安徽省级网格预报产品

要素	时间间隔	范围
地面温度	0~12 h逐1h, 12~240 h逐3h	北纬29°~35°,
相对湿度	0~12 h逐1h, 12~240 h逐3h	
风	0~12 h逐1h, 12~240 h逐3h	东经114.5°~120°
降水量	0~12 h逐1h, 12~240 h逐3h	
云量	0~12 h逐1h, 12~240 h逐3h	格距: 0.025°×0.025°
能见度	0~84 h逐3h	
最高气温	逐日, 10 d	
最低气温	逐日, 10 d	
雷电	0~2 h逐10 min	
雷雨大风	0~2 h逐10 min	

格点预报质量与历史城镇预报质量总体持平

晴雨预报准确率（%）　最低气温预报准确率（%）　最高气温预报准确率（%）

▲ 2019 年，安徽省智能网格预报业务系统正式单轨运行

▲ 省气象局组织开展龙卷监测预警业务试验，开发了基于快速循环同化预报系统的龙卷潜势预报产品。图为龙卷监测预警业务流程图

个例时间	龙卷等级	地点	灾情
2013 年 7 月 8 日	F3	卢江县、无为县	16 人死亡，166 人受伤
2005 年 7 月 30 日	F2	灵璧县韦集镇	15 人死亡，260 人受伤。农作物受灾面积 27 万亩，倒塌房屋 1617 间，损坏房屋 12380 间，直接经济损失 4210 万元
2006 年 6 月 29 日	F2	泗县长沟镇	2 人死亡，4 人重伤，42 人轻伤。倒塌房屋 220 余间，损毁房屋 800 余间；刮倒折断成树 2000 余棵，直接经济损失 1400 万元
2007 年 7 月 3 日	F3	天长市秦栏镇观庵村、新华村、仁和镇七柳村、桃园村	7 人死亡，98 人重伤。倒塌房屋 593 间，损毁 538 间，直接经济损失 2899 万元
2013 年 7 月 7 日	F1	天长市秦栏镇	86 人受伤

▲ 完成安徽省龙卷个例资料整编入库

参数名称	单位	缺省值
二维特征所需一维矢量的数目	个	10
特征拥有的最大高度	km	8.0
高角动量阈值	$km^2 \cdot h^{-1}$	540
低角动量阈值	$km^2 \cdot h^{-1}$	180
高切变阈值	h^{-1}	14.4
低切变阈值	h^{-1}	7.2
近距离对称比率阈值上限		2.0
近距离对称比率阈值下限		0.5
远距离对称比率阈值上限		4.0
远距离对称比率阈值下限		1.6
距离阈值	km	140
最大径向距离	km	0.8
最大切向距离	（°）	2.0

▲ 提高中气旋识别准确率——参数本地化

◀ 安徽省、市、县短临监测预警系统界面

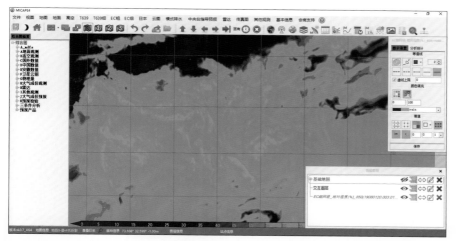

◀ MICAPS4 系统界面

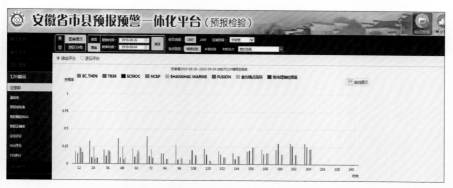

◀ 安徽省、市、县预报预警
一体化平台于 2017 年建
成，集预报、预警、服务
功能为一体，有效提升了
预报预警智能化、信息化、
集约化水平

◀ 安徽省气候中心研发的业
务平台，共有 6 个子功能
块：气候监测、气候诊断、
气候评价、气候预测、产
品分发、系统管理

▲ 天柱山风景区雷电监测预警
系统界面

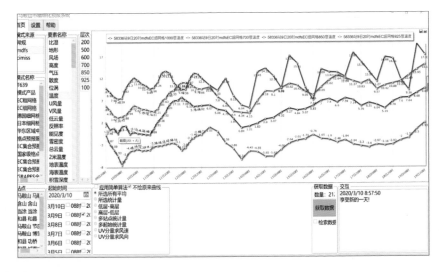

▲ 马鞍山市精细化预报
系统界面

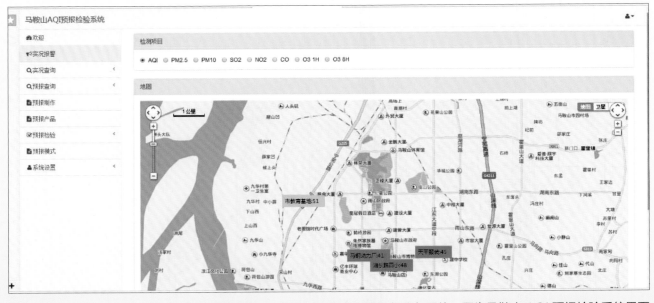

▲ 安徽省已建成多个地市级气象台预报服务业务系统。图为马鞍山 AQI 预报检验系统界面

安徽省预报预警及气候预测质量发展对比图

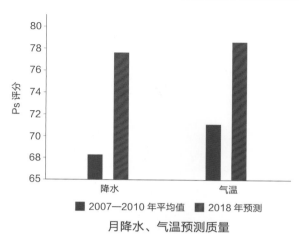

月降水、气温预测质量

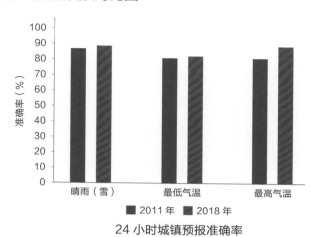

24 小时城镇预报准确率

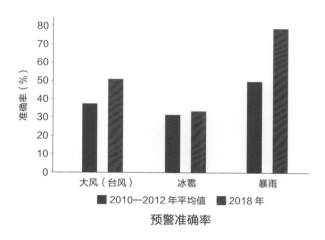

预警准确率

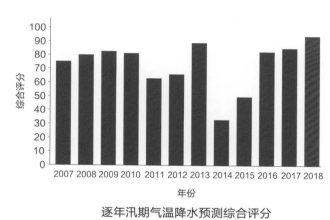

逐年汛期气温降水预测综合评分

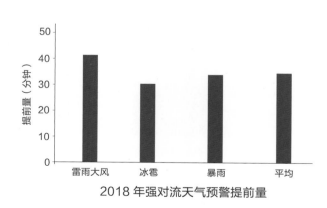

2018 年强对流天气预警提前量

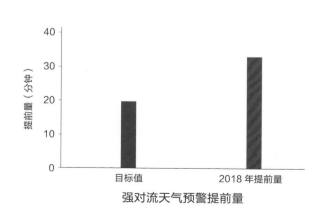

强对流天气预警提前量

气象信息系统

70 年来，安徽气象信息系统紧跟现代信息技术发展，成员队伍不断壮大，信息传输能力不断增强，数据处理与服务能力不断提升，为安徽气象事业发展提供了强有力的信息网络和基础数据支撑。

▲ 20 世纪 70 年代初，省气象部门台站报务员正在接收气象报文

▲ 20 世纪 80 年代初，宣城气象局业务人员正在接收天气图

▲ 20 世纪 80 年代，省气象局业务人员正在架设甚高频通信网

▲ 1998 年，安徽省基本建成"9210 工程"，全省气象通信进入现代网络化通信时代。图为 1999 年 6 月 23 日，芜湖市气象局技术人员正在维护气象卫星地面单收站

1. 1996 年，省气象局建成的"9210 工程"省级卫星地面站机房

2. 1999 年的省气象局省级千兆局域网网络拓扑结构图

3. 2004 年，省气象部门首台高性能计算机（IBM P690）在合肥建成

4. 2006 年，省气象局档案馆库房建成并投入使用

5. 省气象局现代化信息网络机房

6. 2017 年 1 月，宿州市世纪互联数据中心机房的高性能计算机集群在宿州市气象局建成，应用于数值天气预报 WRF、WRFruc、WRFeps等模式的业务运行，为提高安徽省天气预报准确率起到重要作用

1	2
3	4
5	6

▲ 2014 年，省气象局现代化信息网络值班业务平面

截至 2018 年底，省气象局建成包含 472 个 CPU、8.5 T 内存、1850 TB 存储容量的虚拟资源池。图为省气象局已建集约化数据环境架构图 ▶

2019 年，省气象局建成"天镜"系统，可实现对观测、预报、服务等各类业务运行全流程监控 ▶

省气象局气象信息中心自主研发的气象信息共享平台 ▶

安徽省气象局气象信息中心自主研制的数据集产品

序号	数据集名称	范围	时间	等级
1	国家级地面气象站统计整编资料	安徽	1981—2010 年	一级
2	参考作物蒸散量和蒸发量数据集	安徽	1954—2016 年	一级
3	基本基准站长序列分钟降水数据集	安徽	1954—2013 年	二级
4	十分钟降水量数据集	安徽	2005—2014 年	二级
5	基本站长序列小时降水数据集	安徽	1951—2014 年	二级
6	国家级台站日照数据集	安徽	1951—2016 年	一级
7	国家级台站高温数据集	安徽	1951—2016 年	一级
8	国家级台站最长连续（无）降水数据集	安徽	1951—2013 年	一级
9	地面气象记录年报表图像文件数据集	安徽	1951—2013 年	二级（仅供查阅）
10	地面气象记录月报表图像文件数据集	安徽	1951—2013 年	二级（仅供查阅）
11	安徽省 GPS/MET 水汽反演资料数据集（13 站）	安徽	2011—2014 年	一级
12	雷达基数据资料（6 个站）	安徽	2001—2016 年	一级
13	风廓线雷达资料（芜湖、安徽光学精密机械研究所、移动）	安徽	2010—2016 年	一级
14	南京大学 973 协同观测资料	安徽、江苏	2014 年	二级（仅供科研）
15	南京青奥会观测资料	安徽、江苏	2013 年	二级（仅供科研）
16	淮河流域能量与水分循环试验数据集	淮河流域	1998 年	二级（仅供科研）
17	寿县观象台观测试验资料	寿县	2007—2014 年	二级（仅供科研）
18	安徽省农气簿信息化数据集	安徽	1981—2013 年	二级（仅供科研）
19	逐小时气温格点化产品	安徽	实时	一级
20	逐小时降水格点化产品	安徽	实时	一级
21	霜自动判识产品	安徽	实时	一级
22	一般站分钟数据产品	安徽	建站—2006 年	二级
23	国家级台站日霾数据集	安徽	1980—2010 年	一级
24	逐小时相对湿度格点化产品	安徽	实时	一级
25	逐小时气压格点化产品	安徽	实时	一级
26	逐小时能见度格点化产品	安徽	实时	一级
27	逐小时日照格点化产品	安徽	实时	一级
28	寿县观象台基础数据集（降水、能见度、云量、日照、小型蒸发）	寿县	建站—2018 年	二级

气象科技创新篇

　　70 年来，安徽省气象部门传承地域创新基因，瞄准关键技术目标和经济社会需要，不畏艰险，勇攀高峰，攻克了一道又一道难关，创造了一个又一个第一。以创新为马，安徽气象人在实现更高水平现代化征途上纵横驰骋。

　　安徽目前已形成独具特色的气象科技创新体系和与之相适应的气象人才队伍，围绕全面推进气象现代化科技保障的目标，优化科技资源配置，增强成果转化能力，提升气象现代化发展效率，创新科技机制，完善管理方式，健全评价体系，激发创新活力，构建气象科技创新联盟，搭建了大气科学与卫星遥感重点实验室、淮河流域典型农田生态气象野外科学试验基地等一批科研合作平台，组建了具有安徽特色的气象科技创新团队。

气象科技发展

经过 70 年的发展，安徽已逐步形成了独具特色的气象科技创新体系，构建了"宽领域、多层次、深融合"的气象科技创新联盟，搭建了大气科学与卫星遥感重点实验室、淮河流域典型农田生态气象野外科学试验基地等一批科研合作平台。淮河流域典型农田生态气象野外科学试验基地获批中国气象局野外科学试验基地；安徽研发的气象技术装备动态管理信息系统在全国省级气象部门推广应用。自主创新建成全国首个省级能见度计量检测实验室。1986 年以来，安徽省气象部门获得省部级以上科技进步奖 120 项，其中，省气象科研工作者参与的"我国梅雨锋暴雨遥感监测技术与数值预报模式系统"获国家科学技术进步奖二等奖。

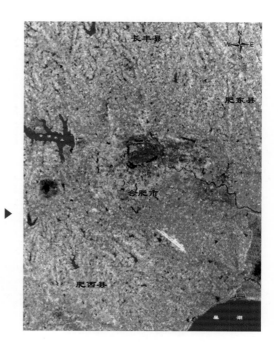

1979 年的合肥市城区卫星遥感影像图，是安徽省气象科学研究所地面分类遥感早期影像，为定量分析城市热岛、服务生态文明建设奠定了技术基础 ▶

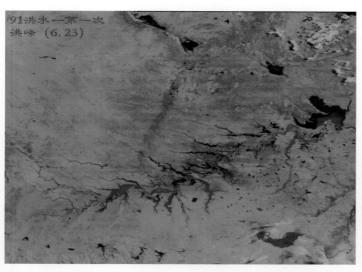

◀ 1991 年 6 月 23 日，长江流域大洪水第一次洪峰过境安徽的卫星遥感影像图，显示淮河干支流及巢湖支流大面积洪水滞留

◀ 1999 年 12 月 25 日，基于新一代天气雷达建成的安徽省新一代气象综合业务系统建设项目通过验收。该系统率先实现省级气象业务的全面升级和资源共享，2002 年 8 月获安徽省科学技术奖一等奖

◀ 2000 年 1 月 16 日，全国气象科学技术创新大会在合肥召开

◀ 2001 年 11 月 7 日，省气象局召开数值预报图 RTE 客观预报系统鉴定会

◀ 2018 年 9 月 20—21 日，中国气象学会雷达气象学委员会在合肥组织召开新一代天气雷达发展 20 周年学术交流会。来自国内外天气雷达相关业务科研单位、高校、企业等的院士、专家参会，交流天气雷达未来的发展方向

2013年，安徽大通河流域
暴雨洪涝风险评估服务案
例被《中国气象灾害风险
预警》宣传手册和《WMO
Bulletin》收录，作为中国
气象灾害风险预警典型工
作向国际社会宣传 ▶

2015年6月5日，省气 ▶
象局启动国家973计划"突
发性强对流天气演变机理
和监测预报技术研究"项
目，右图为外场观测试验
场景

▲ 2018年1月17日，业务技术人员在寿县国家气候观象台开展长三角地区污染天气协同观测试验

▲ 1998 年 5 月，省气象局开放研究室正式成立

▲ 1998 年 5 月，淮河流域试验（GAME-HUBEX) 作业运行中心成立并举行揭牌仪式

安徽省科学技术委员会

皖科条字[1998]119 号　　　签发人: 施伟国

关于同意成立安徽省大气科学与
卫星遥感重点实验室的批复

省气象局:

你局皖气教发[1998]73 号文悉。经研究，同意依托省气象科研所建立 "安徽省大气科学与卫星遥感重点实验室" 并列为省部共建，请你们在遵照国家气象局有关建设要求的同时，按照《安徽省重点实验室暂行管理办法》开展工作，充分利用气象信息资源，发挥抗灾减灾的作用，为我省气象现代化的研究及应用，为我省经济建设做出更大的贡献。

此复

安徽省科委
一九九八年九月十日

主题词: 省部共建　　重点实验室　　批复

抄送: 国家气象局、省气象科研所

▲ 1998 年 9 月 10 日，安徽省科学技术委员会批复同意成立安徽省大气科学与卫星遥感重点实验室

2006 年 4 月 28 日，省科
技厅、省财政厅联合向安
徽省大气科学与卫星遥感
重点实验室授牌

2006 年 6 月 13 日，灾害
天气国家重点实验室淮河
流域中尺度观测与应用试
验基地在合肥成立

2010 年 11 月，省气象局
与国元农业保险公司共建
农业气象灾害评估与风险
转移联合实验室

◄ 2012 年，寿县国家气候观象
台作为全国 8 个保留人工观测
的台站之一，长期保留人工与
器测观测任务。2019 年 1 月，
寿县国家气候观象台成为中国
气象局公布的 24 个国家气候
观象台之一。图为寿县国家气
候观象台全景

▲ 寿县国家气候观象台气象雷达仪器

▲ 寿县国家气候观象台三次迁址：1955 年，寿
县气象站在正阳关建站；1958 年迁至县城；
2013 年迁至窑口镇真武村，占地 300 亩

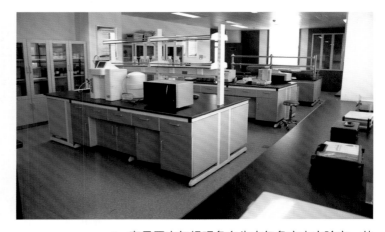

▲ 寿县国家气候观象台生态气象室内实验室，共
有各类设备 40 余台（套），可以开展卫星遥感、
农业气象相关观测试验和气象灾害野外调查

1. "农气徽云"安徽气象为农服务大数据云平台

2. 2016 年 4 月 9 日，由安徽省发改委批准建设的安徽省农业生态大数据工程实验室揭牌成立，主要依托安徽大学和安徽省农村综合经济信息中心开展相关工作

3. 2018 年 11 月，中国气象局综合观测司批复设立国家气象计量站能见度检测实验室（合肥）

4. 2018 年 12 月建成的国家气象计量站降水现象计量检测实验室（合肥），可模拟毛毛雨、雨、雪、雨夹雪和冰雹五种降水类天气现象，初步用于降水现象仪观测结果准确性、一致性的检测评价工作

5. 国家气象计量站降水现象计量检测实验室（合肥）冰雹测试设备

1	2
3	4
5	

2000—2018 年安徽省气象部门所获安徽省科技进步奖

年度	项目名称	完成单位	主要完成人	等级
2000	安徽省新一代气象综合业务系统开发研究与建设	安徽省气象局	刘志澄、矫梅燕、翟武全、窦炜明、张爱民、李栋、刘勇、袁野、胡雯、华连生	1
2000	安徽省旱涝灾害气象卫星遥感监测和预报方法研究	安徽省气象科学研究所	丁太胜、张爱民、胡雯、马晓群、盛绍学、刘惠敏	3
2000	抗洪抢险预警服务系统研究	芜湖市气象局	叶金印、余龙兴、周述学、徐竞平、丁皖陵、邓晓喜	3
2000	安徽省决策气象服务信息系统	安徽省气象防灾减灾中心	袁野、孙健、边富昌、张苏、刘忠平、江双五	3
2001	内陆大面积湖体气象卫星遥感监测研究	安徽省气象科学研究所	孔庆欣、翟武全、胡雯、荀尚培、张爱民、吴英厚	3
2001	数值预报图 RTE 客观预报系统	安徽省气象台	古德、孙健、葛国庆、刘勇、周晓林、率爱梅	3
2002	安徽农网建设与应用	安徽省气象局	刘志澄、孙健、刘月成、章晓今、吕刚、翟宇波、苗开超、万小明	2
2005	基于 CINRAD 雷达和卫星的淮河流域致洪暴雨研究	安徽省气象科学研究所、安徽省气象台	张爱民、郑媛媛、胡雯、郑兰芝、石春娥、王东勇	3
2006	安徽省重大农业气象灾害定量监测评估与防御对策研究	安徽省气象科学研究所	张爱民、马晓群、杨太明、盛绍学、黄勇、陈晓艺	3
2007	以大气监测自动化系统为基础的强对流天气预警和短时预报应用技术	安徽省气象科学研究所、安徽省气象台	张爱民、郑媛媛、周后福、姚叶青、李劲、邱明燕	3
2008	气象预警信息发布示范系统	安徽省气象科技服务中心	刘月成、徐春生、翟宇波、郑媛媛、陈浩、曹琦萍	3
2010	强对流天气临近预报业务系统	安徽省气象台	郑媛媛、谢亦峰、李劲、方翀、郝莹、张雪晨	3
2010	车载移动式应急气象服务平台	中国电子科技集团公司第三十八研究所、安徽省气象局	陈之涛、方亚明、牛忠文、张苏、孙俊平、孔俊松	3
2011	淮河流域暴雨洪水监测预警系统研究	淮河流域气象中心	胡雯、叶金印、盛绍学、黄勇、张晓红、朱红芳、蒋卫国、刘静、邱新法、盛春岩	2
2012	气象灾害风险区划关键技术研究及其在安徽省的应用	安徽省气候中心、安徽省防雷中心	田红、谢五三、卢燕宇、唐为安、王胜、温华洋、程向阳、鲁俊	2
2012	农业干旱定量监测预警和损失评估业务化技术	安徽省气象科学研究所	马晓群、陈晓艺、刘惠敏、吴文玉、陈金华、姚筠	3
2012	山岳景区雷电监测预警技术研究与应用	黄山风景区管理委员会、黄山气象管理处	宋生钰、程向阳、刘安平、胡正光、王潮泓、张帆	3

续表

年度	项目名称	完成单位	主要完成人	等级
2013	江淮对流云增雨关键技术研究及应用	安徽省人工影响天气办公室	袁野、周述学、吴林林、黄勇、杨光、李爱华	3
2013	安徽省卫星定位综合服务关键技术与系统研制及其应用	安徽省测绘局、安徽省气象局、武汉大学	姜卫平、刘磊、杨如华、罗辉、张忠民、段宗来	3
2015	安徽砂姜黑土培肥与小麦持续增产关键技术及其应用	安徽省农业科学院作物研究所、安徽农业大学、安徽省农业气象中心、安徽省农业技术推广总站、安徽皖垦种业股份有限公司、安徽瑞虎肥业有限公司、安徽帝元生物科技有限公司	曹承富、孔令聪、马友华、杨太明、肖扬书、汪新国、杜世州、乔玉强、王占廷、张从武	1
2015	农村信息服务关键技术研究与应用	安徽省农村综合经济信息中心、安徽大学	于波、梁栋、程文杰、琚书存、徐建鹏、黄林生、周鹿扬、赵晋陵	2
2015	降尺度方法在安徽省月季降水预测中的应用	安徽省气候中心	罗连升、程智、丁小俊、段春锋、徐敏、谢五三	3
2017	安徽省污染性天气监测评估与预测预报关键技术及应用	安徽省气象科学研究所、安徽省环境科学研究院、中国科学技术大学、安徽省公共气象服务中心	石春娥、吴必文、张红、王儒威、邓学良、张浩	3

2003—2018 年安徽省气象部门所获国家级和其他省部级科技奖

年度	项目名称	完成单位	主要完成人	奖励类别	等级
2003	GSM 无线雨量遥测仪研究开发	安徽省气象局	吕刚、方亚明、华连生、钱毅、芮斌、宋皖平、陈斌、吴奇生	中国气象局研究与技术开发奖	2
2004	安徽农网建设与应用	安徽省气象局	翟武全、刘月成、孙健、章晓今、罗荣选、赵少平、田红、韦成彦、苗开超、徐建鹏、万小明、徐建、张淑静、周鹿扬、徐成怀	中国气象局研究与技术开发奖	2
2005	地面气象测报业务系统软件	中国华云技术开发公司、安徽省气象局、湖北省气象局	杨志彪、孙蓟旅、杨彬、陈为超、刘安平、张本正、朗淑鸽	中国气象局成果应用奖	2
2006	我国梅雨锋暴雨遥感监测技术与数值预报模式系统	中国气象科学研究院、国家卫星气象中心、中国科学院大气物理研究所、中国气象局武汉暴雨研究所、安徽省气象局、湖北省气象局	倪允琪、宇如聪、张文建、胡志晋、许健民、周秀骥、程明虎、徐幼平、刘黎平、卢乃锰	国家科学技术进步奖	2
2007	淮河流域能量与水分循环和气象水文预报	北京大学、中国气象局国家气候中心、水利部淮河水利委员会、中国科学院大气物理研究所、南京大学、安徽省气象局、河海大学	赵柏林、丁一汇、张文建、李万彪、徐慧、翟武全、朱元竞、林朝晖、葛文忠、张雁、郝振纯	教育部科学技术进步奖	1
2016	大气能见度测量关键技术与仪器产业化	中国科学院合肥物质科学研究院、安徽省大气探测技术保障中心、安徽蓝盾光电子股份有限公司	刘文清、刘建国、程寅、陆亦怀、吕刚、方海涛、钱江、丁志鸿、陈军、王亚平	气象科学技术进步成果奖	1
2018	黄淮海玉米高产稳产气象保障关键技术研究与应用	河南省气象科学研究所、河南农业大学、安徽省气象信息中心、中国气象科学研究院、河南省气象台	刘荣花、刘天学、盛绍学、余卫东、薛昌颖、李树岩、成林、邹春辉、赵艳霞、王新敏	河南省科学技术进步奖	3
2018	中部经济区农村信息化关键技术与系统集成创新及其应用	江西省计算技术研究所、安徽省农村综合经济信息中心（安徽省农业气象中心）	刘波平、付康、程文杰、徐建鹏、杨国强、杨运平	江西省科学技术进步奖	3

2016—2018 年安徽省气象部门所获发明专利

年份	专利名称	专利号	专利权人	发明（设计）人
2016	一种雷达回波移动矢量场处理方法	ZL 2016 1 0452661.7	安徽省气象科学研究所	黄勇、翟菁、刘慧娟、冯妍
2017	气象光学视程观测环境模拟装置	ZL 2015 1 0537366.7	安徽省大气探测技术保障中心	方海涛、窦炜明、李国庆、吕刚等
2017	气象光学视程检测装置	ZL 2015 1 0810699.2	安徽省大气探测技术保障中心	方海涛、吕刚、汪玮、张世国等
2018	透射式能见度仪白色 LED 光源发生装置	ZL 2015 1 0600650.4	安徽省大气探测技术保障中心	方海涛、吕刚、汪玮、张世国、王敏等
2018	一种基于气象站的输电线路标准冰厚的计算方法	ZL 2016 1 0188844.2	安徽省气象科学研究所、国家电网安徽省电力公司电力科学研究院	周后福、夏令志、赵倩、程登峰、吴必文、杨关盈、刘静
2018	一种适用于露、霜和结冰的天气现象的自动判识方法	ZL 2018 1 1055215.8	安徽省气象信息中心	华连生、温华洋、朱华亮、方全

2013—2018 年安徽省气象部门所获实用新型专利

年份	专利名称	专利号	专利权人	发明（设计）人
2013	一种风害自动报警装置	ZL 2013 2 0441204.X	宾荣权、周后福	宾荣权、周后福、戴建胜、翟菁、王颖
2015	稳定型光学测试平台	ZL 2015 2 0373182.7	安徽省大气探测技术保障中心	陆斌、李国庆、方海涛、吕刚、张世国、汪玮、冯林、丁宪生、朱亚宗、沈玉亮
2015	具有吸收逃逸光线功能的前向散射式能见度仪	ZL 2015 2 0374525.1	安徽省大气探测技术保障中心	吕刚、陆斌、李国庆、方海涛、汪玮、冯林、张世国、丁宪生、王敏、朱亚宗
2015	透射式能见度仪分光装置	ZL 2015 2 0251936.1	安徽省大气探测技术保障中心	吕刚、方海涛、冯林、张世国、汪玮、丁宪生、王敏、陆斌、沈玉亮、朱亚宗
2016	一种基于物联网的农机配件运行状态数据采集终端设备	ZL 2016 2 0413343.5	安徽省农村综合经济信息中心（安徽省农业气象中心）	周鹿杨、程文杰、陈金华、王晓东、伍琼
2016	一种基于物联网的农机配件控制装置	ZL 2016 2 0413344.X	安徽省农村综合经济信息中心（安徽省农业气象中心）	徐建鹏、徐阳、刘瑞娜
2017	一种气象机器人	ZL 2016 2 1053584.X	宁国市气象局	华华、束长汉、杨木勇、林晶莹
2018	一种公路交通气象条件监测和告警系统	ZL 2018 2 0919982.8	安徽省大气探测技术保障中心	方海涛、赵宝义、陆斌、张世国、汪玮、王毛翠
2018	便携式能见度透射仪	ZL 2017 2 1103434.X	安徽省大气探测技术保障中心	张世国、方海涛、汪玮、刘振、王敏、王毛翠
2018	一种气象信号证明自助打印装置	ZL 2018 2 1988578.2	安徽省公共气象服务中心	杨彬、陈浩、张亚、刘文静、吴丹娃、刘承晓、丁国香、罗希昌
2018	一种基于 Android 设备的气象装备现场调试系统	ZL 2018 2 1275630.X	宣城市气象局	华华、胡秋实、杨木勇、周宗圣、邱丽芳、汪志微、杨伟

2013—2018 年安徽省气象部门第一作者发表的 SCI（E）和 EI 收录论文

年份	论文名称	安徽省气象部门作者（排名）	第一作者单位	发表期刊
2013	Rainfall Estimation Method Based on Multiple-Doppler Radar over the Huaihe River Basin	叶金印（1）	淮河流域气象中心	Journal of Hydrologic Engineering
2013	Spring and Summer Precipitation Changes from 1880 to 2011 and the Future Projections from CMIP5 Models in the Yangtze River Basin，China	邓汗青（1）、柳春（4）	安徽省气象局	Quaternary International
2013	Impacts of Urbanization and Station-Relocation on Surface Air Temperature Series in Anhui Province, China	杨元建（1）、吴必文（2）石春娥（3）、张宏群（8）	安徽省气象科学研究所	Pure and Applied Geophysics
2014	Evaluation of ECMWF Medium-Range Ensemble Forecasts of Precipitation for River Basins	叶金印（1）	淮河流域气象中心	Quarterly Journal of the Royal Meteorological Society
2014	Evaluation of Version-7 TRMM Multi-Satellite Precipitation Analysis Product during the Beijing Extreme Heavy Rainfall Event of 21 July 2012	黄勇（1）、吴必文（5）	安徽省气象科学研究所	Water
2014	Precipitation Chemistry and Corresponding Transport Patterns of Influencing Air Masses at Huangshan Mountain in East China	石春娥（1）、邓学良（2）杨元建（3）、吴必文（5）	安徽省气象科学研究所	Advances in Atmospheric Sciences
2014	Spectral Characteristics of Precipitating Clouds during the Meiyu over the Yangtze-Huaihe River Valley from Merged TRMM Precipitation Radar and Visible/Infrared Scanner Data	杨元建（1）	安徽省气象科学研究所	Proceedings of the International Society for Optical Engineering
2014	Application of Controlled-Release Nitrogen Fertilizer Decreased Methane Emission in Transgenic Rice from A Paddy Soil	周文鳞（1）	合肥市气象局	Water, Air and Soil Pollution
2015	Climate Analysis of Tornadoes in China	姚叶青（1）、谢五三（5）、卢燕宇（6）、余金龙（7）、魏凌翔（8）	安徽省气象台	Journal of Meteorological Research

续表

年份	论文名称	安徽省气象部门作者（排名）	第一作者单位	发表期刊
2015	气象要素时间分辨率对参考作物蒸散估算的影响	段春锋（1）、曹雯（2）、黄勇（3）、温华洋（4）、刘俊杰（5）	安徽省气候中心	农业工程学报
2015	Characteristics of the Water-Soluble Components of Aerosol Particles in Hefei, China	邓学良（1）、石春娥（2）、吴必文（3）、杨元建（4）、金祺（5）、祝颂（7）、于彩霞（8）	安徽省气象科学研究所	Journal of Environmental Sciences
2015	Variation Characteristics of Water Vapor Distribution during 2000—2008 over Hefei Observed by L625 Lidar	王敏（1）	安徽省大气探测技术保障中心	Atmospheric Research
2016	Prediction and Predictability of a Catastrophic Local Extreme Precipitation Event through Cloud-Resolving Ensemble Analysis and Forecasting with Doppler Radar Observations	邱学兴（1）	安徽省气象台	Science China. Earth Sciences
2016	安徽省参考作物蒸散模型参数化	曹雯（1）、杨太明（2）、陈金华（3）、王晓东（4）、段春锋（5）	安徽省气象科学研究所	农业工程学报
2017	Flood Forecasting Based on TIGGE Precipitation Ensemble Forecast	叶金印（1）	淮河流域气象中心	Advances in Meteorology
2017	大别山库区降水预报性能评估及应用对策	叶金印（1）、安晶晶（4）	安徽省气象台	湖泊科学
2017	Radiative Forcing of the Tropical Thick Anvils Evaluated by Combining TRMM with Atmospheric Radiative Transfer Model	杨元建（1）	安徽省气象科学研究所	Atmospheric Science Letters
2017	Two Different Integration Methods for Weather Radar-Based Quantitative Precipitation Estimation	任静（1）、黄勇（2）	安徽省气象科学研究所	Advances in Meteorology
2017	An Integrated Method of Multiradar Quantitative Precipitation Estimation Based on Cloud Classification and Dynamic Error Analysis	黄勇（1）、姚筠（3）、倪婷（4）、冯妍（5）	安徽省气象科学研究所	Advances in Meteorology

续表

年份	论文名称	安徽省气象部门作者（排名）	第一作者单位	发表期刊
2017	Statistical Evaluation of the Performance of Gridded Monthly Precipitation Products from Reanalysis Data, Satellite Estimates, and Merged Analyses over China	邓学良（1）	安徽省气象科学研究所	Theoretical and Applied Climatology
2017	基于 CALIOP 探测的合肥气溶胶垂直分布特征	于彩霞（1）、杨元建（2）、邓学良（3）、石春娥（4）、杨关盈（5）、霍彦峰（6）、翟菁（7）	安徽省气象科学研究所	中国环境科学
2017	Evaluation and Parameter Optimization of Monthly Net Long-Wave Radiation Climatology Methods in China	曹雯（1）、段春锋（2）、姚昀（4）	安徽省气象科学研究所	Atmosphere
2017	M- 估计法广义变分同化 FY-3B/IRAS 通道亮温	王根（1）、刘晓蓓（3）邱康俊（4）、温华洋（5）	安徽省气象信息中心	遥感学报
2018	Changes in "Hotter and Wetter" Events Across China	柳春（1）、邓汗青（2）、卢燕宇（3）、邱学兴（4）、王东勇（5）	安徽省气象台	Theoretical and Applied Climatology
2018	Changes in Record-Breaking Temperature Events in China and Projections for the Future	邓汗青（1）、柳春（2）、卢燕宇（3）、何冬燕（4）、田红（5）	安徽省气候中心	Theoretical and Applied Climatology
2018	Meteorological Conditions Conducive to PM$_{2.5}$ Pollution in Winter 2016/2017 in the Western Yangtze River Delta, China	石春娥（1）、吴必文（3）、张浩（5）、张宏群（6）、弓中强（7）	安徽省气象科学研究所	Science of the Total Environment
2018	Generalized Dynamic Equations Related to Condensation and Freezing Processes	王兴荣（1）、黄勇（2）	安徽省气象科学研究所	Journal of Geophysical Research: Atmospheres
2018	安徽省持续性区域霾污染的时空分布特征	石春娥（1）、张浩（2）、杨元建（3）、张宏群（4）	安徽省气象科学研究所	中国环境科学
2018	Precipitation Clouds Delineation Scheme in Tropical Cyclones and Its Validation Using Precipitation and Cloud Parameter Datasets from TRMM	陈凤娇（1）、盛绍学（2）、包正擎（3）、温华洋（4）、华连生（5）	安徽省气象信息中心	Journal of Applied Meteorology and Climatology
2018	基于积分球分光与接收的透射式能见度测量系统	张世国（1）、方海涛（2）、汪玮（3）、王敏（4）、王毛翠（5）	安徽省大气探测技术保障中心	红外与激光工程

注：以上表格中所列项目、专利、论文等不作为确定科技成果权属的依据。

科技人才培养

新中国成立之初，安徽全省气象干部职工仅有 50 余人，至 2018 年底增加到 2156 人，本科及以上学历学位人员比例由 2013 年的 73.1% 提高到 2018 年底的 89.3%，高级及以上职称比例由 2013 年的 10.6% 上升到 2018 年的 21.3%，人才队伍数量和整体素质得到大幅提升。国家编制人员中，本科及以上学历学位人员 1382 人，占 86.5%；高级职称人员 348 人，占 21.8%。2 人入选"全国首席气象服务专家"，8 人获国务院特殊津贴，1 人获安徽省政府特殊津贴，2 人分获国务院和安徽省科学、技术、管理突出贡献专家称号。

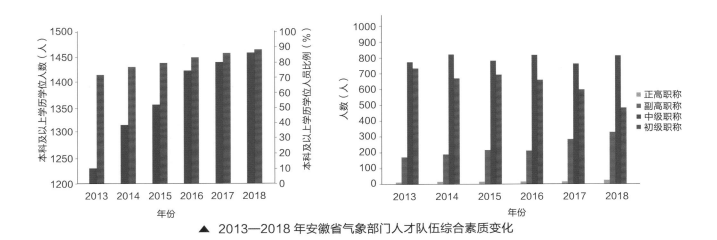

▲ 2013—2018 年安徽省气象部门人才队伍综合素质变化

安徽省气象部门人才队伍及创新团队一览表（截至 2019 年 6 月）

国家级	人数（人）	省级	人数（人）
正高级职称	24	首席预报员	9
首席气象服务专家	2	首席气象服务专家	5
青年英才	3	业务科技带头人	8
创新团队成员	5	中青年科技骨干	40
专家团队成员	4	基层台站青年业务技术骨干	60
		县级综合气象业务技术带头人	6
		省局创新团队	5

1978 年 12 月，省气象系 ▶
统首次测报比赛合影

1984 年 8 月，省气象局 ▶
第二期 PC–1500 计算机
学习班全体同志在宣城行
署气象局合影

1997 年 11 月 9 日，省气 ▶
象局举办第三次地面气象
测报技术比赛

1	2
3	4
5	

1. 2004 年 8 月 16 日，省气象局举行科技带头人选拔答辩会

2. 2004 年 9 月 27 日，省气象局召开全省气象部门人才工作会议

3. 2005 年 4 月 13 日，省气象局举办科技人员座谈会

4. 2007 年 11 月 4 日，省气象局举行科技带头人述职报告会

5. 2010 年 10 月 21 日，省人力资源和社会保障厅、省总工会、省气象局联合举办安徽省第三届气象系统业务技能竞赛

省气象局研发的虚拟自动 ▶
气象站界面

用 VR 显示器体验虚拟自 ▶
动气象站实景

业务技术人员岗前综合业 ▶
务技能培训

◀ 2016 年 9 月 19 日，省气象局举办省局首席预报员选拔答辩和正研人员竞聘上岗考评会

◀ 2017 年 1 月 23 日，省气象局局长于波（右四）接见中国第 32 次南极科考队队员、安徽气象系统唯一代表、黄山市气象局职工杨勇（右三）

◀ 杨勇在南极中山站中山气象台工作场景

　　知识是减轻灾害成败的关键，教育是减轻灾害计划的中心。安徽气象科普工作紧紧围绕公共气象服务，面向民生、面向生产、面向决策，以社会需求为引领，以气象防灾减灾、应对气候变化为重点，以加强气象科普能力建设为核心，大力提升气象科普社会化水平，不断创新气象科普内容与形式，使气象科普工作在深度和广度上不断发展，形成了世界气象日活动、气象台站对外开放、气象科普基地、气象夏令营、气象科技下乡等一系列独具特色的气象科普品牌，气象科普工作呈现出全面发展的良好态势，取得了显著的社会效益，为促进经济社会进步、推动气象事业发展起到了重要的作用。

气象科学普及

1961 年 11 月 30 日，省
气象学会成立大会全体代
表合影 ▶

1978 年 8 月，省气象学会 ▶
恢复活动，于 1979 年 3
月 17—20 日召开了 1978
年年会

1983 年 9 月 24 日，应省 ▶
气象局、省气象学会邀请，
中国气象学会理事长、中
国科学院副院长叶笃正来
安徽省气象局作报告

◀ 1989 年 11 月，全国气象学
会秘书长会议在黄山市召开

◀ 2011 年 11 月 30 日，省气
象学会成立 50 周年纪念大会
在合肥召开

◀ 2017 年 4 月 19 日，省气象
学会召开第十次会员代表大会

1	2
3	4
5	

1. 1977 年 5 月 12 日，庐江县气象站工作人员深入到泥河中学气象哨，培训小小气象员，讲解天气预报的制作过程

2. 1986 年，安徽省青少年气象夏令营在滁县地区气象局开展分营活动，图为分营闭营式

3. 1986 年 8 月，安徽省青少年气象夏令营成员们到南京机场参观

4. 2000 年 8 月 6 日，安徽省青少年气象夏令营在合肥开营

5. 2001 年 3 月 22 日，中学生参观新建成的合肥多普勒天气雷达楼

◀ 2008 年 9 月 17 日，省气象局、省教育厅等单位在池州市青阳县新河镇中心小学举行《安徽省小学生气象灾害防御教育读本》赠书仪式

◀ 2014 年 10 月 17 日，澳大利亚宁根中学教育交流代表团一行到铜陵气象公园参观

◀ 2017 年 8 月 16 日，安徽省中学生气象知识竞赛在合肥举行

2018 年 3 月 23 日，天长市 ▶
气象局在城南小学建起了"小
燕子"气象站，开展气温、
风向风速等气象要素观测，
普及气象知识

2018 年 8 月 13—16 日，安 ▶
徽省中小学生全民科学素质
知识竞赛和气象科普作品观
摩交流活动在合肥举办

2018 年 8 月 22 日，由中国 ▶
气象学会、安徽省气象局主
办，安徽省气象学会、宿州
市气象局、宿州市教育体育
局、宿州市科学技术协会承
办的 2018 年校园气象科普
教育论坛在宿州市举行

| 1 | 2 |
| 3 | 4 |

1. 气象科普进农村——2007 年世界气象日，合肥市气象局气象科普志愿者开展气象科普知识宣传，图为参加科普活动的老百姓在阅读《中国气象报》

2. 气象科普进校园——2016 年 3 月 18 日，省气象局组织气象科普志愿者走进合肥市屯溪路小学，与小学生开展气象科普互动

3. 气象科普进社区——2017 年世界气象日，气象科普志愿者走上街头开展气象科普宣传，图为志愿者讲解火箭人工影响天气装置

4. 气象科普进企业——2018 年 6 月 26 日，铜陵市房地产协会举办防雷科普专题讲座培训班，市气象局技术人员应邀为参会人员做防雷安全知识培训

2005 年 5 月 14 日，省气象 ▶
局、省博物馆在省博物馆联
合举办"气象与生活"科普
展览

2011 年 3 月 23 日，省气象 ▶
局局长于波做客省人民政府
网站在线访谈节目，以世界
气象日主题"人与气候"为
中心，与网友互动，在线回
答网友提出的问题

2017 年 6 月 10 日，省气象 ▶
局杨鹤（左六）被中国气象
局推送参加 2017 年全国科
普讲解大赛，荣获三等奖

◀ 2018 年 5 月 4 日，省气象局、
省气象学会联合举办安徽省
气象科普讲解大赛

◀ 2018 年 7 月，"气象防灾减
灾宣传志愿者中国行"在安
徽开展志愿科普活动

◀ 2019 年 5 月 31 日，省气象
局举办全省气象宣传科普典
型案例观摩交流活动

铜陵市气象公园，占地面积 296 亩,是目前全国规模最大、功能最齐全、内容最丰富的开放式气象主题公园，于 2014 年 4 月建成并正式对社会公众开放，2014 年 10 月获批国家 AA 级旅游景区

2016 年 5 月建成的全椒县气象地震科普馆，由全椒县政府投资，全椒县气象局、全椒县地震办共同建设、运行和维护

2018 年 3 月建成的巢湖市气象科普馆

◀ 2017 年 4 月 21 日，省气象学
会为合肥市肥东县马湖乡授牌
"全国气象科普教育基地——
基层气象防灾减灾乡镇"

◀ 叶笃正气象科普馆被授予"全
国气象科普教育基地"称号，
图为 2019 年 3 月举行的授
牌仪式。叶笃正气象科普馆
由气象科普一条街、叶笃正
生平陈列馆、叶笃正气象科
普展等展馆组成，场馆占地
面积 3000 平方米，展馆建筑
面积 1200 平方米

◀ 2019 年 3 月 18 日，安庆市
岳西县主簿镇辅导小学荣获
"全国气象科普教育基地（示
范校园气象站）"称号，举
行授牌仪式

基地名称	授予单位和年份									
	中国科协		中国气象局、中国气象学会						省科协	省气象局、省气象学会
	2015—2019年	2012—2016年	2003年	2008年	2012年	2014年	2016年	2018年	2017—2021年	2017年
合肥气象科技园（全国基地名称：合肥气象科普馆）	★			★						
马鞍山市气象局气象科技馆	★						★		★	
安徽省气象台			★							
黄山气象站			★							
淮北市气象局					★				★	
涡阳县气象科普馆					★				★	★
宣城市气象台		★					★			
铜陵市气象科普公园						★			★	★
凤台气象科普教育基地							★			
铜陵市郊区灰河乡东风小学					★					★
马鞍山市东苑小学					★					
马鞍山市钟村小学					★					
宣城市梅林实验学校						★				
马鞍山市第七中学						★				
宿州市第二中学校园气象站							★			
芜湖市镜湖小学校园气象站							★			
肥东县马湖乡人民政府							★			
叶笃正气象科普馆								★		
寿县国家气候观象台								★		★
全椒县气象局								★		
蚌埠市行知实验学校								★		★
岳西县主簿镇辅导小学								★		★
涡阳县西阳镇郭寨社区								★		★
六安市气象站									★	
全椒县气象地震科普馆									★	★
芜湖市气象台									★	
利辛县气象局									★	
宿州市气象台									★	
怀远县气象科普馆									★	
绩溪县气象台									★	
广德市气象台									★	
安徽省公共气象服务中心										★
霍邱县气象科普馆										★
宿州市第一小学										★
安徽师范大学附属外国语学校										★
芜湖市鸠江区万春社区										★
合计 36	3		23						12	13

气象管理体系篇

　　70年来，安徽省气象部门依法行使管理职能，逐步完善治理体系，制度完备，纪律严明，团结和谐，务实高效。同舟共济扬帆起，乘风破浪万里航，安徽气象事业始终运行在健康可持续发展轨道上。

　　安徽气象部门始终坚持党的领导，以党的政治建设为统领，全面加强党的政治、思想、组织、作风、纪律和制度建设，认真落实全面从严治党"两个责任"，扎实推进党风廉政建设，党建工作科学化水平不断提高。坚持解放思想、实事求是、与时俱进、开拓创新，不断推进气象现代化建设，持续优化事业发展政策环境，深入开展气象文化建设，气象事业取得了一系列发展成就。省部合作联席会议制度的建立、双重计划财务体制的确立和落实，为安徽气象事业发展营造了良好的政策环境。坚持气象立法先行，逐步构建气象地方标准体系，现代气象治理能力不断提升。

党建工作

多年来，安徽省气象局深入开展创先争优、群众路线教育实践活动、"三严三实"专题教育、"两学一做"学习教育、"不忘初心、牢记使命"主题教育等主题活动。截至 2018 年底，全省气象部门共有基层党委 3 个，党总支部 16 个，党支部 140 个，党员 1832 人，其中在职党员 1196 人，离退休党员 636 人。

| 1 | 2 |
| 3 | 4 |

1. 2005 年 2 月 3 日，省气象局召开保持共产党员先进性教育活动动员大会

2. 2008 年 11 月 19 日，省气象局召开学习实践科学发展观集中交流会

3. 2010 年 5 月 25 日，省气象局召开创先争优活动动员大会

4. 2013 年 7 月 31 日，省气象局召开党的群众路线教育实践活动动员大会

1	2
3	4

1. 2015 年 10 月 8 日，省气象局开展"三严三实"联系反面典型专题研讨会

2. 2017 年 6 月 19 日，省气象局举办"讲政治、重规矩、作表率"主题演讲比赛

3. 2017 年 8 月 25 日，省气象局直属机关党员代表大会召开，机关党委书记张爱民代表中国共产党安徽省气象局直属机关第六届委员会做工作报告

4. 2018 年 7 月 18 日，省气象局召开"讲忠诚、严纪律、立政德"专题警示教育动员部署会

◀ 2019 年 6 月 6 日，省气象局
召开 2019 年第二季度党组中
心组集中学习研讨会

◀ 2019 年 8 月 22 日，省气象
局党组第一批"不忘初心、
牢记使命"主题教育总结会
召开

◀ 2019 年 6—8 月，省气象局
开展第一批"不忘初心、牢记
使命"主题教育。7 月 2 日，
省气象局组织处级以上党员领
导干部赴安徽第一面党旗纪念
园，开展"不忘初心、牢记使
命"主题革命传统教育

1. 2001 年 6 月 21 日，省气象局举办庆祝中国共产党建党 80 周年文娱晚会

2. 2008 年 6 月 26 日，省气象局召开向优秀共产党员、气象学家雷雨顺同志学习座谈会

1	2
3	4
5	6

3. 2012 年 6 月 29 日，省气象局召开"七一"纪念大会暨"保持党的纯洁性 迎接党的十八大"活动动员大会

4. 2016 年 6 月 27 日，省气象局举行纪念建党 95 周年暨"两学一做"学习教育知识竞赛

5. 2018 年 7 月 10 日，省气象局组织党员干部开展党史教育日活动

6. 2019 年 7 月 1 日，省气象局举行庆祝中国共产党成立 98 周年暨"两优一先"表彰大会

新中国气象事业 70 周年

1. 2015 年 8 月 25 日，省气象局局长于波（右）看望慰问参加过抗日战争的老战士、省气象台原党委书记吕晓晴（左）

2. 2017 年 4 月 6 日，省气象局组织召开推进基层党组织标准化建设动员部署会

3. 2017 年 6 月 23 日，省气象局机关支部与宿州市灵璧县冯庙镇党委开展党建结对共建活动

4. 2017 年 11 月 28 日，省气象局局长于波（右二）到合肥市气象局检查指导基层党建工作

5. 2017 年 12 月 4 日，省气象局局长于波（前排中）赴宿州市灵璧县王刘村宣讲十九大精神，开展扶贫工作调研

122

▲ 2017—2019 年，省气象局各支部开展形式多样的主题党日活动

◀ 2002 年 8 月 20 日，全国气象部门落实党风廉政建设责任制经验交流会在合肥召开，中国气象局纪检组组长孙先健（左四）、安徽省委副书记杨多良（左三）参加会议

◀ 2012 年 12 月 14 日，省气象局举办廉政书画摄影展

◀ 2008 年 5 月 4 日，中华人民共和国审计署授予安徽省气象局 2005 年至 2007 年全国内部审计工作先进单位荣誉称号

1. 2014 年 2 月 28 日，省气象局召开全省气象部门党风廉政建设工作会议暨省局第一次党风廉政建设联席扩大会议

2. 2015 年 4 月 29 日，省气象局召开党风廉政建设座谈会

3. 2016 年 10 月 20 日，省气象局局长于波为全省气象部门纪检审计培训班授课

4. 2017 年 9 月 19 日，中共安徽省气象局党组第三巡察组巡察滁州市气象局工作动员会召开

5. 2017 年 12 月 26 日，中共淮南市气象局党组巡察组巡察凤台县气象局工作动员会召开

6. 2018 年 2 月 2 日，省气象局召开全省气象部门全面从严治党工作会议

1	2
3	4
5	6

2018 年 3 月 21 日，中国气象局党组第四巡视组巡视安徽省气象局党组动员会召开，中国气象局党组第四巡视组组长向世团（左三）作了动员部署，中国气象局党组巡视办副主任刘作挺（右二）就做好巡视工作提出要求，省气象局局长于波（左二）作表态发言

2018 年 7 月 19 日，省气象局党组召开巡视整改专题民主生活会。省气象局党组成员对照巡视反馈意见，紧密联系个人实际，深入剖析问题根源，开展严肃认真的批评和自我批评

2019 年 4 月 3 日，省气象局局长于波（右三）主持召开巡视"回头看"整改专题民主生活会，省气象局党组成员对照巡视"回头看"反馈意见，紧密联系个人实际，开展批评和自我批评

安徽省气象部门实行"气象部门与地方人民政府双重领导、以气象部门为主"的领导管理体制，在上级气象主管机构和本级人民政府领导下，根据授权承担本行政区域内气象工作的政府行政管理职能，依法履行气象主管机构的各种职责。安徽省气象局下辖 16 个地市级气象局和 63 个县级气象局，现有 2 个地方批准成立的安徽省人工影响天气办公室、安徽省农村综合经济信息中心。

管理体制

安徽省气象局历届主要负责人

何勇禄
任职时间 1954 年 11 月—
1955 年 6 月

彭利昌
任职时间 1956 年 4 月—
1968 年 8 月

陈力生
任职时间 1976 年 10 月—
1978 年 10 月

曾醒吾
任职时间 1978 年 2 月—
1983 年 8 月

张锋生
任职时间 1983 年 8 月—1990 年 5 月

汪百川
任职时间 1990 年 12 月—1995 年 11 月

刘志澄
任职时间 1995 年 11 月—2003 年 2 月

孙健
任职时间 2003 年 2 月—2005 年 3 月

翟武全
任职时间 2005 年 3 月—2010 年 11 月

于波
任职时间 2010 年 11 月—2019 年 12 月

▲ 1953 年 1 月，蚌埠市气象站刚建站时全体人员留影，当时气象部门属于军队建制

▲ 1970 年的岳西县主簿镇华东气象中心台，简称"501"，图中从左至右、从上至下依次为"501"学员宿舍、礼堂、教员宿舍、人防工程

1	2
3	4
5	6

1. 1956 年召开的安徽省气象工作会议

2. 20 世纪 70 年代末召开的安徽省气象工作会议

3. 1978 年 5 月召开的安徽省气象工作暨气象部门"双学"先进集体先进工作者会议

4. 20 世纪 80 年代召开的安徽省气象工作会议

5. 1996 年 6 月 18 日，全国气象部门办公自动化暨办公室主任工作会议在合肥召开

6. 1997 年 10 月，全省地市气象局长管理工作研讨会议在合肥召开

▲ 1981年5月，安徽省气象学校八一届气象
一班毕业师生合影留念。安徽省气象学校
始建于1957年，期间经过多次搬迁和变革，
1979年搬迁到合肥西郊五里墩（现址）

▲ 1999年12月8日，经安徽省人民政府批准，
安徽省气象学校更名为安徽省信息工程学校

▲ 2012年12月14日，安徽省气象培训中心（原安徽省信息工程学校）更名为
中国气象局气象干部培训学院安徽分院（以下简称"安徽分院"）。2013年6
月6日，中国气象局副局长许小峰（左）、省气象局局长于波（右）为安徽分
院揭牌

	2	3
1		
4		5

1. 1999 年 5 月 1 日，经安徽省人民政府批准，安徽省农村综合经济信息中心成立并举行揭牌仪式

2. 1999 年 9 月 28 日，由安徽省人民政府投资建设、向新中国成立 50 周年献礼的合肥多普勒天气雷达站楼举行竣工典礼

3. 2002 年 12 月 2 日，安徽省地面气象探测培训基地在桐城市气象局挂牌

4. 2004 年 7 月 1 日，由省委组织部、省气象局联合开发创办的"安徽先锋网"正式开通上线。省委组织部常务副部长秦亚东（前排右二）、省气象局局长孙健（前排左二）出席开通仪式

5. 2005 年 5 月 19 日，我国第一个为大江大河量身定做的气象业务服务机构——淮河流域气象中心在蚌埠市正式挂牌，安徽省副省长赵树丛（左）、中国气象局副局长许小峰（右）为淮河流域气象中心揭牌

◀ 2009 年 6 月 8 日，安徽省公
共气象服务中心成立，安徽省
副省长赵树丛（左）、省气象
局局长翟武全（右）为安徽省
公共气象服务中心揭牌

◀ 2011 年 12 月 26 日，安徽
省气象信息中心成立，省气
象局局长于波（左）为安徽
省气象信息中心揭牌

◀ 2016 年 10 月 28 日，安徽省
气象灾害防御技术中心成立

▲ 1999 年 5 月,省气象局举办全省气象部门财务电算化培训班

▲ 2002 年 9 月 25 日,全国气象部门项目管理制度研讨会在合肥召开

2009 年,省气象局建立了"县账市管,五统一联"("五统一联"指的是:账户统设、凭证统管、账表统制、预算统编、采购统办、市县联网)财务管理模式,实现了县局资金的所有权、使用权与管理权、监督权相分离,增强了对县局财务的事前、事中、事后管理和监督 ▶

2016 年 11 月 8 日,省气象局举办全省气象系统第二届财会知识竞赛 ▶

安徽省 财政厅 气象局 文件

财农〔2015〕1151 号

**安徽省财政厅 安徽省气象局关于进一步落实
气象事业双重计划财务体制的通知**

各市、县（市、区）财政局、气象局：

根据《安徽省气象管理条例》、《安徽省人民政府关于加快
气象事业发展的决定》、《安徽省人民政府 中国气象局关于共同
推进安徽气象现代化建设的合作协议》等要求，结合我省实际，
现就为进一步落实气象事业双重计划财务体制有关事项通知如
下：

气象事业是科技型、基础性社会公益事业，对经济社会发展
具有重要的保障作用。国家确定气象部门实行"气象部门和地
方政府双重领导，以气象部门为主"的管理体制，在经费保障

— 1 —

◀ 省财政厅、省气象局联合印
发《关于进一步落实气象事
业双重计划财务体制的通知》
（财农〔2015〕1151 号），
督促各市、县政府将气象部
门事业人员经费不足部分纳
入地方财政保障

2009—2018 年安徽省气象部门财政资金投入情况

年份	中央财政拨款（万元）	地方财政拨款（万元）
2009	16367.97	9243.79
2010	17695.57	9214.50
2011	21588.38	8109.92
2012	20444.09	7522.17
2013	21279.10	14447.63
2014	25053.02	10833.87
2015	28185.12	13096.20
2016	32399.49	20984.38
2017	34804.59	19907.69
2018	35626.54	25682.18

1	2
3	4
	5

1. 2001 年 11 月 2 日，省气象局召开公开竞争办公室主任、业务科技处处长答辩会

2. 2004 年 2 月 20 日，省气象局举办公务员录取面试

3. 2012 年 11 月 30 日，省气象局举行直属单位领导班子副职空缺岗位竞争上岗笔试

4. 2013 年 1 月 4 日，省气象局组织召开省局领导班子述职述廉述学报告会

5. 为适应基层气象事业发展，省气象局在凤阳县开展县级气象机构综合改革试点工作。2011 年 11 月 11 日，中国气象局副局长于新文（中）在凤阳县气象局听取基层气象机构综合改革工作汇报

安徽省气象局文件

皖气办发〔2007〕23 号

关于进一步健全县（市）气象局
科学民主决策的通知

各市、县气象局：

为进一步健全各县(市)气象局科学、民主决策机制，经党组研究决定，现将《关于在县（市）气象局建立"三人决策"制度的规定》和《安徽省县（市）气象局兼职纪检（监察）员管理办法》印发给你们，请遵照执行。

附件：1.《关于在县（市）气象局建立"三人决策"制度的规定》
2.《安徽省县（市）气象局兼职纪检（监察）员管理办法》

二〇〇七年四月十一日

— 1 —

▲ 2007 年 4 月，省气象局创新管理、科学决策，在县局设立兼职纪检（监察）员，建立由局长、副局长和兼职纪检（监察）员三人组成的行政决策机构（简称"三人决策"），健全县局科学、高效、民主的决策机制

安徽省气象局文件

皖气办发〔2013〕44 号

安徽省气象局关于印发《安徽省气象部门县级
气象机构设置和人员编制方案》和《安徽省
气象局县级气象管理机构参照公务员法
管理工作实施细则》的通知

各市气象局，省局各内设机构：

根据《中国气象局县级气象管理机构参照公务员法管理工作方案》（气发〔2013〕39 号）的要求，并报经中国气象局人事司同意，省局制定了《安徽省气象部门县级气象机构设置和人员编制方案》和《安徽省气象局县级气象管理机构参照公务员法管理工作实施细则》，现予以印发，请遵照执行。

— 1 —

▲ 2013 年 5 月 31 日，省气象局印发《安徽省气象部门县级气象机构设置和人员编制方案》和《安徽省气象局县级气象管理机构参照公务员法管理工作实施细则》，完成县级气象机构综合改革工作

▲ 2014年9月26日，省气象局举办全省气象部门新进人员入职教育培训

▲ 2018年1月9日，省气象局举办挂职选派干部工作交流座谈会

▲ 为完善机关内部管理和顺利运行各项规章制度，推进省气象局机关工作的科学化、制度化和规范化，省气象局于2017年5月编印了《安徽省气象局机关工作手册》，涵盖行政、业务、财务、人事管理及法制建设、纪检工作、精神文明建设和老干部等各方面制度

安徽省人民政府文件

皖政〔2006〕63 号

安徽省人民政府
关于加快气象事业发展的决定

各市、县人民政府，省政府各部门、各直属机构：

为深入贯彻落实《国务院关于加快我省气象事业发展的若干意见》（国发〔2006〕3 号），进一步加快我省气象事业发展，全面建设"公共气象、安全气象、资源气象"的新型气象事业，特作如下决定：

一、进一步提高加快气象事业发展重要性的认识

（一）加快气象事业发展是促进经济社会发展、保障人民生命财产安全的迫切需要。我省是自然灾害频发的省份，在各种灾害中，气象灾害造成的损失占 70% 以上。暴雨、冰雹、大风、

◀ 2006 年 8 月 26 日，安徽省人民政府印发《关于加快气象事业发展的决定》（皖政〔2006〕63 号），有力推动安徽气象事业发展，全面建设"公共气象、安全气象、资源气象"的新型气象事业

◀ 2006 年 9 月 4 日，省气象局召开深入学习贯彻省政府加快气象事业发展决定电视电话会

中国气象局　安徽省人民政府
共同推进气象为安徽农村改革发展服务合作协议

为深入贯彻落实《中共中央关于推进农村改革发展若干重大问题的决定》，充分发挥气象为农村改革发展服务的职能和作用，共同推进安徽省农村公共服务体系建设，中国气象局、安徽省人民政府经协商，达成如下协议：

一、合作目标

双方通过共同建设"安徽农村综合信息服务站"和"安徽省粮食增产气象保障服务工程"，提高农村防灾减灾和粮食增产的保障能力，促进安徽农村全面发展。

二、合作内容

（一）"安徽农村综合信息服务站"建设。

1. 双方按照政府统一领导、各有关部门合作参与、气象部门具体实施的原则，以安徽农网、安徽先锋网等信息平台为依托，建设安徽农村气象信息服务站，实行"三站合一"，加强气象为农服务工作，以此为基础，推进一站多能的安徽农村综合信息服务站建设，形成气象为农业充实服务更加深入、农村公共服务内容更加丰富的良好局面。

2. 双方共同加强对安徽农村综合信息服务工作的规划建设、资金投入和组织管理。中国气象局负责信息服务站的建设和运行维护，提供气象及相关服务信息和综合技术保障。组织

信息员气象技术培训，安徽省人民政府负责协调各有关部门进行信息服务资源的整合，根据农村信息服务的需要，逐步推进信息服务站综合服务功能的建设，并制定保障信息服务站建设和运行的政策措施，中国气象局将对信息服务站的建设和运行管理给予相应的经费支持，安徽省人民政府负责信息服务站的建设投入。

（二）"安徽省粮食增产气象保障服务工程"建设。

1. 安徽省人民政府将"安徽省粮食增产气象保障服务工程"列入《国家粮食安全工程安徽省新增 220 亿斤生产能力建设规划纲要》。开展农业气象灾害监测预警、作物长势及粮食产量监测预报，政策性农业保险气象服务、人工增雨消雹、农业气候资源精细区划和粮食气候资源开发与综合利用等气象服务，并通过安徽农村信息服务站开展农村综合经济信息服务。

2. 中国气象局将"安徽省粮食增产气象保障服务工程"列入部门专项计划，对安徽省气象能力建设予以重点支持，积极做好为安徽粮食增产及能力建设的气象保障工作。

3. 双方共同给予资金支持，共同争取国家对安徽粮食核心产区项目支持和资金投入。

三、合作机制

本着统筹协调规划、共同支持的原则，双方建立合作联席会议制度，形成长效合作机制。联席会议根据工作需要适时召开。主要任务是面向安徽农村发展需求，分析合作进展情况，督促"合作协议"贯彻实施。联席会议由安徽省人民政府和中国

气象局分管领导主持，并由安徽省政府办公厅、省发展改革委、省科技厅、省民政厅、省财政厅、省信息产业厅、省农委、省水利厅、省气象局等部门和中国气象局办公室、监测网络司、预测减灾司、科技发展司、计划财务司等有关部门参加。

中国气象局
代表（签名）

安徽省人民政府
代表（签名）

二〇〇八年十二月十四日　　二〇〇八年十二月十五日

▲ 2008 年 12 月 14 日，中国气象局和安徽省人民政府签署《共同推进气象为安徽农村改革发展服务合作协议》，充分发挥气象为农村改革发展服务的职能和作用，共同推进安徽省农村公共服务体系建设

▲ 2013 年 9 月 22 日，安徽省人民政府、中国气象局签署《关于共同推进安徽气象现代化建设合作协议》，协议提出到 2017 年全省基本实现气象现代化。中国气象局局长郑国光（后排左三），安徽省委副书记、省长王学军（后排右三）出席签字仪式

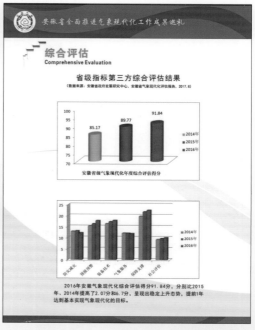

▲ 2017 年 8 月，经安徽省政府发展研究中心第三方评估，2016 年安徽气象现代化综合评估得分 91.84 分，提前一年达到基本实现气象现代化的目标

▲ 2016 年 12 月 27 日，安徽省人民政府与中国气象局联合召开安徽省全面推进气象现代化暨"十三五"气象事业发展对接会，会议要求以五大发展理念为指导，落实"十三五"气象事业发展规划，持续推进有安徽特色的气象现代化

▲ 2019 年 3 月 31 日，安徽省全面推进气象现代化暨省部合作联席会议在合肥召开，省长李国英（右三）、中国气象局局长刘雅鸣（右二）出席会议并讲话

安徽省气象局不断加强气象法治建设，全面打造法治气象新格局，形成了"3+2+n"地方气象法规体系结构，即3部省级法规、2部省政府规章以及若干部市级气象法规、规章。建立依法决策机制，完善行政权力运行监管制度，构建"权责清单"体系，实现权力在阳光下运行。建立健全法律顾问制度，聘用专业律师作为法律顾问，确保决策依法合规。法治建设已成为助力安徽气象改革和气象现代化建设持续推进的强大引擎之一。

法治建设

安徽省气象地方性法规、规章建设情况

法规、规章名称	施行时间	修订或废止情况
《合肥多普勒天气雷达站探测设施和探测环境保护办法》	1997年7月1日	已废止
《安徽省气象管理条例》	1998年9月1日	2010年、2015年、2017年三次修订
《安徽省防雷减灾管理办法》	2005年5月1日	2017年修订
《淮南市雷电灾害防御条例》	2005年1月1日	2018年修订
《安徽省气象灾害防御条例》	2007年11月1日	2018年修订
《安徽省气象设施和气象探测环境保护办法》	2009年6月1日	2019年修订
《安徽省气候资源开发利用和保护条例》	2014年12月1日	2018年修订

▲ 1997年3月10日，全国气象部门公益气象服务管理法规培训班在合肥开班

▲ 1998年8月29日，池州地区行署在池州气象局召开《安徽省气象管理条例》颁布实施座谈会

▲ 2002 年 4 月 29 日，省人大召开安徽省贯彻实施《人工影响天气管理条例》座谈会

▲ 2003 年 6 月 20 日，省气象局举行《安徽省气象管理条例》公布五周年暨气象行政执法月新闻发布会

1. 2005 年 4 月 28 日，省气象局召开《安徽省防雷减灾管理办法》颁布实施新闻发布会

2. 2010 年 5 月 21 日，省气象局组织召开宣传贯彻《气象灾害防御条例》座谈会

3. 2014 年 9 月 26 日，《安徽省气候资源开发利用和保护条例》经安徽省十二届人大常委会第十四次会议审议通过，随即由省人大召开新闻发布会向全社会公布

4. 2018 年 8 月 29 日，省气象局组织召开《中华人民共和国气象法》立法后评估专家咨询会。会议特邀省人大、省军区、省政府办公厅、合肥市人大代表、省气象局法律顾问以及省直相关部门领导及专家参会

	1	2
	3	4

1. 2003 年 6 月 20 日，省气象局举行省"气象行政执法月"启动仪式

2. 2013 年 9 月 7 日，全国人大常委会委员执法检查组到黄山气象管理处，对安徽省贯彻《中华人民共和国气象法》情况进行检查

3. 2013 年 9 月 9 日，全国人大常委会委员执法检查组在芜湖市召开贯彻落实《中华人民共和国气象法》汇报会

4. 芜湖市气象行政执法人员

▲ 2014年10月22—23日，由安徽省政府法制办和省气象局联合主办的全省气象行政执法人员资格认证培训会议在合肥举办

▲ 2017年4月6日，安徽省人大农业农村委员会到省气象局开展《安徽省气候资源开发利用和保护条例》执法检查和《安徽省气象管理条例》修订调研工作

▲ 2019年1月18日，巢湖市气象局、巢湖市安全生产监督管理局与合肥市气象局开展市县联动防雷安全执法检查，对巢湖市部分危化危爆场所和企业开展"双随机"防雷安全执法检查

◀ 2003 年 12 月 4 日，全国法制宣传日，省气象局组织工作人员走上街头宣传气象法律法规知识

◀ 2009 年 6 月 7 日，省气象局组织工作人员参加安徽省暨合肥市2009年"江淮普法行"大型广场法制宣传活动

◀ 2009 年 6 月 18 日，省气象局荣获"华东区域气象中心气象法律法规知识竞赛"三等奖

2017 年 8 月 8 日，省气象▶
局聘请安徽安泰达律师事务
所主任、安徽省律师协会会
长宋世俊担任法律顾问

2017 年 10 月 30 日，省气▶
象局副局长包正擎（左一）
在合肥市政府常务会上讲解
气象"一法三条例"

2018 年 3 月 20 日，安庆市▶
望江县气象局参加"谁执法
谁普法"大型法治宣传活动

▲ 2009 年 10 月 13 日，庆祝 2009 年世界标准日暨安徽省气象标准化技术委员会成立大会在省气象局举行

▲ 2009 年 10 月 13 日，安徽省气象标准化技术委员会成立揭牌仪式举行

◀ 2013 年，全国气象标准编制工作部署会在合肥召开

◀ 2019 年 10 月 14 日，在安徽省 2019 年世界标准日纪念大会上，省气象局联合省市场监督管理局发布《安徽省气象现代化标准体系（2019—2022 年）》

▲ 2016 年 12 月 2 日,省气象局召开全省防雷减灾体制改革专题座谈会

安徽省人民政府办公厅

皖政办秘〔2016〕239 号

安徽省人民政府办公厅关于
进一步加强防雷安全监管的通知

各市、县人民政府,省政府各部门、各直属机构:

为贯彻落实《国务院关于优化建设工程防雷许可的决定》(国发〔2016〕39 号)和国务院有关防雷行政审批中介服务改革精神,优化防雷行政许可,明确和落实政府相关部门责任,减轻企业负担,切实加强防雷安全监管,经省政府同意,现通知如下:

一、做好防雷安全监管工作的衔接落实

(一)气象部门不再实施防雷专业工程设计、施工单位资质许可。新(改、扩)建建设工程防雷设计和施工,由取得建设、公路、水路、铁路、民航、水利、电力、核电、通信等专业工程设计、施工资质的单位承担。

(二)气象部门负责油库、气库、弹药库、化学品仓库、烟花爆竹、石化等易燃易爆建设工程和场所,雷电易发区的矿区、旅游景点或者投入使用的建(构)筑物、设施等需要单独安装雷电防护装置的场所,雷电风险高且没有防雷标准规范、

▲ 2016 年 12 月 27 日,安徽省人民政府办公厅印发《关于进一步加强防雷安全监管的通知》

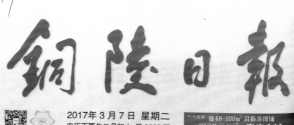

铜陵日报

2017 年 3 月 7 日 星期二
农历丁酉年二月初十 第 9235 期
www.tlnews.cn 铜陵新闻网 今日 8 版

国 48~100m² 沿街准现铺
6198元/m²起 惠启全城
*8298777

防雷安全公告

当前我市即将进入雷电多发季节,为提升全市防雷安全防范能力,确保防雷装置正常有效,保障人民群众生命财产安全,特此公告:

1.建筑物防雷设计规范规定的一、二、三类防雷建(构)筑物,石油、化工等易燃易爆场所,电力生产设施和输配电系统,计算机信息系统,通讯设施,广播电视设施,自动控制和监控设施,名胜古迹,学校,宾馆,医院,商场,大型娱乐场所等人员密集区域,应按照防雷技术规范安装防雷装置。

2.企事业单位应建立防雷安全管理制度,易燃易爆场所、学校、医院、商场、宾馆、大型娱乐场所等人员集场所应建立防雷安全预案。一旦发生雷电灾害,应及时向应急、安监、气象、民政等主管部门联系。

3.为保证防雷装置的有效性,全市范围内投入使用的防雷装置应进行定期防雷安全检测和维护,不符合防雷技术规范要求的应及时整改。

4.防雷装置安全检测应由依法取得省级以上气象主管机构颁发的《防雷装置检测资质证》的检测机构开展。杜绝无资质、超资质、租借资质、挂靠资质单位从事防雷装置检测。

5.市、县气象主管机构负责对本行政区域内的防雷防护装置的防雷安全检测行为进行监督,并依法对安装不符合雷电灾害防护装置的、违反防雷装置检测管理规定和违法防雷检测资质管理规定的行为进行处置。

防雷安全咨询电话:铜陵市气象局:0562-8814523
枞阳县气象局:0562-3251303

铜陵市气象局
2017 年 3 月 7 日

国内统一刊号 /CN34—0008(代号 25—15)   新闻邮箱 info @ tlrb.com   A1

▲ 2017 年 3 月 7 日,铜陵市气象局在《铜陵日报》上刊登防雷安全公告

◀ 2018 年 3 月 27 日，省气象局举办面向社会企业的防雷相关标准应用培训班

◀ 2018 年 11 月 7 日，阜阳市人民政府召开 2018 年度防雷安全监管联席会议

◀ 2019 年 9 月 26—27 日，由省气象局、省总工会、省人力资源和社会保障厅联合举办的首届安徽省防雷检测业务技能竞赛在合肥成功举行，全省 50 家单位 149 名选手参加综合知识、基本技能共两个项目的角逐

安徽省气象局组织起草的标准（推荐性）

标准名称	标准编号	填报单位	标准类别	归口单位	安徽省参编单位（排名）	发布日期	实施日期
大气气溶胶观测术语	GB/T 31159—2014	安徽省气象局（安徽省气象标准化技术委员会）	国家标准	全国气象防灾减灾标准化技术委员会（SAC/TC 345）	安徽省气象科学研究所（2）	2013-09-03	2015-01-01
雷电灾害应急处置规范	QX/T 245—2014	安徽省气象局（安徽省气象标准化技术委员会）	行业标准	全国雷电灾害防御行业标准化技术委员会	安徽省防雷中心（1）、安徽省人民政府应急管理办公室（3）	2014-10-24	2015-03-01
旅游景区雷电灾害防御技术规范	QX/T 264—2015	安徽省气象局（安徽省气象标准化技术委员会）	行业标准	全国雷电灾害防御行业标准化技术委员会	安徽省防雷中心（1）、安徽省旅游局（7）	2015-01-26	2015-05-01
防雷安全管理规范	QX/T 309—2015	安徽省气象局（安徽省气象标准化技术委员会）	行业标准	全国雷电灾害防御行业标准化技术委员会	安徽省防雷中心（2）	2015-12-11	2016-04-01
建筑物防雷装置检测技术规范	GB/T 21431—2015	安徽省气象局（安徽省气象标准化技术委员会）	国家标准	全国雷电防护标准化技术委员会（SAC/TC 258）	安徽省防雷中心（2）	2015-09-11	2016-04-01
农业气象观测规范冬小麦	QX/T 299—2015	安徽省气象局（安徽省气象标准化技术委员会）	行业标准	全国农业气象标准化技术委员会(SAC/TC 539)	安徽省宿州市气象局（3）	2015-12-11	2016-04-01
气象旅游资源分类与编码	T/CMSA 0001—2016	安徽省气象局（安徽省气象标准化技术委员会）	团体标准	中国气象服务协会	安徽省公共气象服务中心（1）、安徽省质量和标准化研究院（3）	2016-04-05	2016-04-05
气象旅游资源评价	T/CMSA 0001—2017	安徽省气象局（安徽省气象标准化技术委员会）	团体标准	中国气象服务协会	安徽省公共气象服务中心（2）	2017-06-02	2017-06-02

标准名称	标准编号	填报单位	标准类别	归口单位	安徽省参编单位（排名）	发布日期	实施日期
天然氧吧评价指标	T/CMSA 0002—2017	安徽省气象局（安徽省气象标准化技术委员会）	团体标准	中国气象服务协会	安徽省公共气象服务中心（2）	2017-06-02	2017-06-02
雷电防护系统部件（LPSC）第1部分：连接件的要求	GB/T 33588.1—2017	安徽省气象局（安徽省气象标准化技术委员会）	国家标准	全国雷电防护标准化技术委员会（SAC/TC 258）	安徽省防雷中心（4）	2017-05-12	2017-12-01
雷电防护系统部件（LPSC）第2部分：导体和接地极的要求	GB/T 33588.2—2017	安徽省气象局（安徽省气象标准化技术委员会）	国家标准	全国雷电防护标准化技术委员会（SAC/TC 258）	安徽省防雷中心（5）	2017-05-12	2017-12-01
雷电防护系统部件（LPSC）第3部分：隔离放电间隙(ISG)的要求	GB/T 33588.3—2017	安徽省气象局（安徽省气象标准化技术委员会）	国家标准	全国雷电防护标准化技术委员会（SAC/TC 258）	安徽省防雷中心（3）	2017-05-12	2017-12-01
降低户外雷击风险的安全措施	GB/Z 33586—2017	安徽省气象局（安徽省气象标准化技术委员会）	国家标准	全国雷电防护标准化技术委员会(SAC/TC 258)	安徽省防雷中心（6）	2017-05-12	2017-12-01
梅雨监测指标	GB/T 33671—2017	安徽省气象局（安徽省气象标准化技术委员会）	国家标准	全国气候与气候变化标准化技术委员会（SAC/TC 540）	安徽省气候中心（4）	2017-05-12	2017-12-01
雷电灾害风险区划技术指南	QX/T 405—2017	安徽省气象局（安徽省气象标准化技术委员会）	行业标准	全国雷电灾害防御行业标准化技术委员会	安徽省气象灾害防御技术中心（1）	2017-12-29	2018-04-01

标准名称	标准编号	填报单位	标准类别	归口单位	安徽省参编单位（排名）	发布日期	实施日期
雷电灾害应急处置规范	GB/T 34312—2017	安徽省气象局（安徽省气象标准化技术委员会）	国家标准	全国气象防灾减灾标准化技术委员会（SAC/TC 345）	安徽省防雷中心（1）	2017-09-07	2018-04-01
气候可行性论证规范 气象资料加工处理	QX/T 457—2018	安徽省气象局（安徽省气象标准化技术委员会	行业标准	全国雷电灾害防御行业标准化技术委员会	安徽省气象灾害防御技术中心（1）	2018-11-30	2019-03-01
气象探测资料汇交规范	QX/T 458—2018	安徽省气象局（安徽省气象标准化技术委员会	行业标准	全国气象防灾减灾标准化技术委员会（SAC/TC 345）	安徽省气象信息中心（1）	2018-12-12	2019-04-01
光伏建筑一体化系统防雷技术规范	GB/T 36963—2018	安徽省气象局（安徽省气象标准化技术委员会）	国家标准	全国雷电防护标准化技术委员会（SAC/TC 258）	安徽省气象灾害防御技术中心（1）	2018-12-28	2019-07-01

开放与合作篇

　　70 年来，安徽省气象部门顺应浩荡前行历史潮流，以开放的胸怀、合作的姿态，迎迓着新科技带来的变革。独行快，众行远，合作与交流使最新科技成果源源不断被引入气象业务科技体系，促其提质增效，更新换代，从而更好地服务社会民生，实现共赢。

　　安徽气象部门深化局校、局院、局企合作，构建联合工作机制和人员交流机制，与部门、科研院所的交流合作日益广泛。省气象局目前已与 16 个地市人民政府、多个省直厅（局）和高校科研院所签署合作协议，建立起涵盖公共气象服务、气象防灾减灾、气象现代化、重点工程建设、科技、人才等合作关系，形成了一个更加紧密的"宽领域、多层次、深融合"气象科技创新联盟，搭建省级实验室、工程中心、试验基地、联合实验室等合作平台 6 个，组建气象科技创新团队 5 个，形成了全面开放合作的新格局。

▲ 1988 年 5 月 9 日，约旦国家气象局局长阿里·阿巴德（右二）访问安徽省气象局，省气象局局长张锋生（左二）陪同

▲ 1992 年 10 月 5—9 日，暴雨洪涝国际学术讨论会在黄山市召开，来自 13 个国家和地区的 150 多位气象、水利专家学者和官员参会。世界气象组织主席、国家气象局局长邹竞蒙和安徽省副省长汪涉云主持会议，水利部部长杨振怀、安徽省省长傅锡寿、国家科委副主任邓楠、中国科学院副院长孙鸿烈、国家气象局副局长马鹤年、安徽省副省长吴昌期出席会议

▲ 1994 年 10 月，以约翰斯·霍普金斯大学校长为团长的美国气象学会代表团来黄山气象管理处交流。图为美国气象学会代表团与黄山气象站工作人员合影

1997 年 12 月 13—15 日，朝鲜民主主义人民共和国气象水文局副局长金洗日（右二）率气象水文代表团到省气象局访问

1999 年 11 月，安徽师范大学地理系外教（加拿大人，前排左一和右一）在芜湖市气象局参观交流

2002 年 8 月 14 日，"极端天气条件对农业生产的影响"国际研讨会在合肥召开

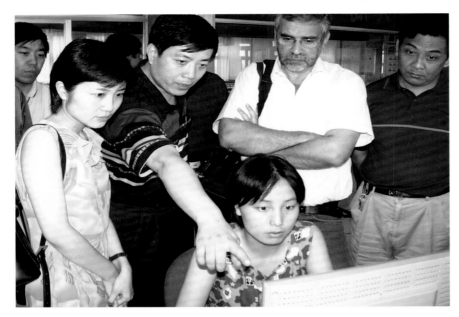

◀ 2003 年 7 月 30 日，以色列
气象专家马克里（右二）在
省气象局考察交流

◀ 2003 年 9 月 8 日，中 – 以
安徽省"气候和农业信息服
务"国际研讨班在合肥开班

◀ 2004 年 4 月，以色列专家在
合肥的中以人工影响天气学
术研讨班发言

2005 年 3 月 1 日，世界气象 ▶
组织以色列气象专家（右一）
来安徽考察气象为农服务

2005 年 4 月 8—29 日，省气 ▶
象局"人工影响天气技术"培
训班在俄罗斯进行了为期 22
天的培训。培训内容涉及人工
造雾、人工增加暖云降水、人
工增加冷云降水、人工消雨、
人工影响天气作业装备、催化
剂的研制和云室实验、核爆炸
对环境的影响等

2007 年 11 月 22 日，应省 ▶
气象局邀请，美国著名专家
Doswell（右一）来皖，给省、
市气象台台长讲授"短时强
对流天气预警技术"

◀ 2008 年 5 月 16 日，中国科学院和美国能源部合作在寿县气象局开展大气气溶胶观测研究，图为大气辐射观测计划移动观测站启动仪式

◀ 2008 年 11 月 13 日，外国气象专家在安徽省气象影视中心交流学习

◀ 2008 年 12 月，世界气象组织区域培训中心学员来省气象局访问

▲ 2014 年 12 月 31 日，省气象局局长于波（右）会见世界气象组织农业气象委员会主席 Lee Byong-Lyol（左）

▲ 2014 年 12 月 31 日，省气象局副局长胡雯（右四）陪同世界气象组织农业气象委员会主席 Lee Byong-Lyol（左四）赴寿县国家气候观象台调研

▲ 2015 年 6 月 27 日，世界气象组织学员来安徽省气候中心参观访问交流

▲ 2019 年 9 月 12 日，老挝自然资源与环境部部长宋玛·奔舍那（右四）率代表团一行到省气象局调研。省气象局局长于波（左三）陪同代表团参观了省气象局预警信息发布平台、气象业务平台，双方就天气预报、预警信息发布工作进行了深入交流

2001 年 4 月 18 日，安徽联通公司和安徽农网签署开拓致富信息机合作协议

2003 年 10 月 21 日，省气象局与民航合肥空中交通管理中心举行共建大气探测基地签字仪式

2010 年 10 月 11—12 日，由安徽省气象学会、江苏省气象学会、河南省气象学会、山东省气象学会、淮河流域气象中心、淮河水利委员会水文局、安徽省水文局联合举办的安徽省科协 2010 年年会气象分会场——第三届"淮河流域暴雨·洪水学术交流研讨会"在滁州市召开

◀ 2011 年 6 月 3 日，中国气象局副局长矫梅燕（中）赴淮河水利委员会（安徽蚌埠）参加淮河流域气象业务服务协调委员会 2011 年度工作会议

◀ 2011 年 9 月 3 日，安徽省气象学会与台湾"中国文化大学"签订合作意向书

◀ 2015 年 1 月 25 日，省气象局与安徽四创电子股份有限公司签署战略合作协议

2017 年 11 月 6 日，安徽省
农业气象中心与安徽省植保
总站以"气象植保深化合作，
共同服务现代农业"为主题
召开座谈会并签署合作协议

2018 年 11 月 6 日，省气象
局与华为技术有限公司签署
战略合作协议，双方将共同
推动云计算等现代技术在气
象领域的应用

2018 年 11 月 8 日，第 46
届闽浙赣皖毗邻地区军队、
地方气象联防协会年会在安
徽黄山市召开，本届年会的
主题是"加强区域联防，共
享区域成果，为生态文明建
设贡献气象智慧"

气象精神文明建设篇

　　70 年来，沐浴着徽风皖韵，安徽气象人把个人命运和气象事业发展紧密相连，春夏秋冬磨意志，风霜雨雪炼精神，把"准确、及时、创新、奉献"内化于心、外化于行，终使气象文明之花开遍皖江之滨、淮河两岸。

　　常抓不懈的气象精神文明建设已结出累累硕果，1999 年底，安徽省气象系统被授予安徽省首家"文明系统"。截至 2018 年底，安徽省气象局连续五届获得"全国文明单位"称号，全省气象系统建成全国文明单位 12 家、安徽省文明单位 63 家、全国气象部门文明台站标兵 8 个。全国文明单位总数和省级以上文明单位的比例均位居全国气象部门第一。

精神文明建设

多年来，安徽省气象局坚持不懈、整体推进文明创建工作，深入开展"做文明职工、建文明单位、创文明系统""创文明行业、建满意窗口"等主题活动，形成奋发昂扬的气势、求真务实的作风、上下同心的氛围，为气象事业的科学发展积聚了正能量，取得了良好成效。

▲ 安徽省气象局获得文明单位荣誉

◀ 2018 年 5 月，省气象局公共气象服务中心公众服务科被中华全国总工会授予"工人先锋号"荣誉称号

2000 年 1 月 13 日，中国气
象局、安徽省精神文明建设
指导委员会在合肥稻香楼宾
馆联合召开"文明系统"授
牌大会，中国气象局局长温
克刚（左）、安徽省委副书
记方兆祥（右）为安徽省气
象局授牌

2008 年 5 月 6 日，气象部
门全国五一劳动奖状奖章授
奖大会在北京举行，安徽省
气象台荣获全国五一劳动奖
状。图为安徽省气象台负责
人（左一）领取奖状

2019 年 3 月，安徽省气象台
气象服务室被中华全国妇女
联合会授予"巾帼文明岗"
荣誉称号

▲ 20世纪70年代初，省气象局共青团支部活动留影

▲ 1977年2月9日，池州地区行署气象局工作人员在院内清扫积雪

◀ 1978年，安徽省气象学校学生文体活动留影

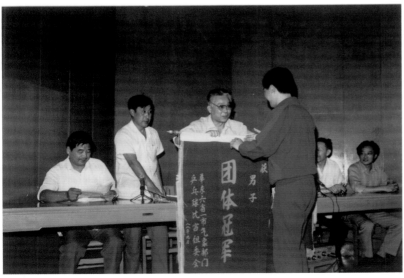

◀ 1988年9月24日，省气象局在江苏无锡举办的华东六省一市气象部门乒乓球比赛中荣获男子团体冠军、女子团体亚军

1	2
3	4
5	6

1. 1997 年 7 月 7 日，省气象局举办庆祝香港回归诗歌朗诵演唱会

2. 1999 年 9 月 28 日，省气象局举办庆祝新中国成立 50 周年文艺演出

3. 2002 年 9 月 28 日，省气象局举办庆祝国庆暨安徽省气象局建局 50 周年文艺晚会

4. 2004 年 11 月，省气象局举办安徽省气象系统首届乒乓球赛

5. 2005 年 10 月，省气象局组队参加首届全国气象行业运动会

6. 2005 年 12 月 26 日，省气象局原创话剧《情系王家坝》参加全国气象部门首届文艺汇演，荣获二等奖

◀ 2007 年 11 月 21 日，省气象局举办安徽省气象部门首届青年发展论坛

◀ 2008 年 8 月 8 日，省气象局组织开展迎奥运职工广播体操比赛

◀ 2012 年 12 月 7 日，省气象局举办以"美好安徽 和谐气象"为主题的安徽省气象部门文艺汇演

2013 年 1 月 18 日，安徽气象职 ▶
工大讲堂第一堂课开讲

2013 年 3 月 25 日，省气象局参 ▶
加义务植树活动，共造"气象林"

2014 年 9 月 10 日，省气象局向 ▶
岳西县主簿镇辅导小学捐赠校园气
象站设备、图书等物资

◀ 2015 年 5 月 4 日，省气象
局团委组织青年党员、团员
赴淮南市新四军纪念林参观

◀ 2016 年 8 月，省气象局举办
全省气象部门羽毛球比赛

◀ 2016 年 10 月 17 日，省气
象局开展"献爱心 助扶贫"
爱心捐款活动

2017年5月24日，全国气象部门建家工作经验交流会在合肥召开

2017年8月，省气象局组织青少年文明学校小学员参观金寨县革命博物馆

2018年6月2日，省气象局组队参加省直机关第八届运动会，荣获"团体三等奖""优秀组织奖"和"体育道德风尚奖"三项荣誉

◀ 2019 年 1 月，省气象局举行趣
味运动会，图为击鼓颠球比赛

◀ 2019 年 5 月 8 日，省气象局
举办纪念五四运动 100 周年
团员青年座谈会

◀ 2019 年 9 月 29 日，省气象
局举办庆祝中华人民共和国成
立 70 周年文艺演出

2002 年 9 月 28 日，省气象 ▶
局成立安徽气象文化研究会

2005 年 5 月 18 日，省气象 ▶
局召开创建皖江气象文明长
廊工作会议，提出通过 3~4
年的努力，把沿江 6 市 11 县
气象台站打造成文明创建的
璀璨明珠，点缀到八百里皖
江两岸

2005 年 9 月 2 日，省气象局 ▶
召开全省气象部门争创省级
文明单位工作推进会

▲ 2007 年 11 月 12—13 日，省气象局在铜陵市召开全省气象部门文明创建培训暨现场会

▲ 2011 年 7 月 27 日，省气象局举行气象科普教育基地揭牌仪式暨省气象局文明学校开学典礼

▲ 2011年8月5日，安徽省人大常委会原主任孟富林（中）出席安徽气象文化之旅启动仪式

▲ 2017年4月10日，安徽省气象行业工会成立

1	2
3	4
5	

1. 1991 年，淮河流域出现大洪水，蚌埠市气象局上街义修家电支援灾区

2. 2008 年 5 月 21 日，省气象局向汶川地震灾区捐赠 150 顶帐篷

3. 2015 年 2 月 5 日，省气象局组织党员干部职工参加义务献血

4. 2017 年 3 月 7 日，省气象局志愿者服务队开展气象科普志愿活动

5. 2017 年 6 月 15 日，省气象局开展"走基层 访一线 服务五大发展行动"青年党团员调研实践活动

省气象局党组每年召开工作 ▶
通报会，向离退休干部通报
年度工作情况

2014 年 5 月 15 日，省气象 ▶
局组织离退休干部参观基层
台站，感受基层气象事业发
展成就

2015 年 10 月 21 日，省气 ▶
象局党组为 70、80、90 岁
离退休干部过集体生日

◀ 2016 年 1 月 26 日，中国气象局党组成员、副局长矫梅燕（中）代表中国气象局党组慰问安徽省气象部门离退休干部

◀ 2016 年 12 月 16 日，省气象局退休干部舞蹈队参加安徽省第四届老干部文艺调演

◀ 2017 年 9 月 13 日，省气象局举办全省气象部门离退休干部"喜迎十九大"书画摄影展

　　安徽省共有基层台站 81 个，其中，市级台站 16 个，县级台站 63 个，另有黄山气象站和九华山气象站，累计业务用房面积约 21.61 万平方米。

　　"十一五"以来，安徽集中力量持续加大对基层台站基础设施的投入力度，累计筹措资金 8.29 亿元，用于基层台站业务用房和配套设施建设，使基层台站整体面貌得到巨大改善。截至 2019 年 6 月，全省 81 个基层气象台站中实现业务用房及配套设施标准化的台站数达 79 个，达标率为 97%，其中，国家级贫困县台站和艰苦台站的达标率为 100%，基本实现全省基层标准化台站全覆盖的建设目标，为打造"一流台站"、实现更高水平的气象现代化奠定了坚实基础。

台站今昔

◀ 安徽省气象局（摄于 1956 年）

◀ 安徽省气象局（摄于 2013 年）

◀ 合肥市气象局（2006 年建成）

▲ 合肥市气象局新桥机场观测站（摄于 2018 年）

▲ 淮北市气象台（摄于 1983 年）

▲ 淮北市气象局（2009 年建成）

▲ 亳县气象站（摄于 1956 年）

▲ 亳州市气象局（摄于 2019 年）

▲ 宿县农业气象试验站（摄于 1961 年）

▲ 宿州市气象局（2009 年建成时）

▲ 安徽省军区司令部
蚌埠气象站（摄于
1953 年）

▲ 蚌埠市气象局（2008 年建成时）

▲ 阜阳市气象局（1972 年建成，2008 年摄）　　　　　　　　▲ 阜阳市气象局（2009 年建成时）

▲ 淮南市气象局（20 世纪 80 年代建成）　　　　　　　　▲ 淮南市气象局（2018 年开工建设时）

▲ 滁县地区行政公署气象局（摄于 20 世纪 70 年代）

▲ 滁州市气象局（2009 年建成）

◀ 六安市气象局（摄于 20 世纪 90 年代）

◀ 六安市气象局（2011 年建成）

▲ 马鞍山气象观测站（摄于 1962 年）　　　　　▲ 马鞍山气象观测站（摄于 2016 年）

芜湖市气象局（摄于 1999 年）▶

芜湖市气象局（摄于 2019 年）▶

▲ 宣城气候站（摄于 1959 年）

▲ 宣城市气象局（摄于 2019 年）

◀ 铜陵市气象局（摄于 1995 年）

◀ 铜陵市气象局（摄于 2017 年）

▲ 池州地区行署气象局（摄于 1979 年）

▲ 池州市气象局（2018 年建成）

安庆市气象局（摄于 1991 年）▶

安庆市气象局（摄于 2019 年）▶

▲ 黄山市气象局（摄于 20 世纪 50—90 年代）

▲ 黄山市气象局（2006 年建成）